配电网
防汛防台风

国网福建省电力有限公司　组编

PEIDIANWANG
FANGXUN FANGTAIFENG

中国电力出版社
CHINA ELECTRIC POWER PRESS

内 容 提 要

建立科学有效的配电网防汛防台管理知识体系，可为配电网防汛防台的决策、施工、抢险等提供科学依据，对配电网防汛防台能力提升以及电力安全稳定供应具有重要的现实意义。

本书分为九章，包括基本知识、现状及问题、规划设计、工程实施、运维及改造、应急管理、物资管理、能力评价和新技术应用。

本书可供从事配电网防涝防台相关工作的设计、施工、运维、抢修和应急管理人员学习参考，也可供大专院校相关专业广大师生和科研院所相关科技人员参考。

图书在版编目（CIP）数据

配电网防汛防台风 / 国网福建省电力有限公司组编. —北京：中国电力出版社，2022.7
ISBN 978-7-5198-6715-7

Ⅰ．①配⋯　Ⅱ．①国⋯　Ⅲ．①配电系统–防洪②配电系统–台风灾害–灾害防治
Ⅳ．①TM727

中国版本图书馆 CIP 数据核字（2022）第 062456 号

出版发行：中国电力出版社
地　　址：北京市东城区北京站西街 19 号（邮政编码 100005）
网　　址：http://www.cepp.sgcc.com.cn
责任编辑：罗　艳（yan-luo@sgcc.com.cn）
责任校对：黄　蓓　常燕昆
装帧设计：张俊霞
责任印制：石　雷

印　　刷：三河市万龙印装有限公司
版　　次：2022 年 7 月第一版
印　　次：2022 年 7 月北京第一次印刷
开　　本：710 毫米×1000 毫米　16 开本
印　　张：17.25
字　　数：262 千字
印　　数：0001—1500 册
定　　价：98.00 元

编　委　会

配电网处于电力输送的末端，直接面向用户，其供电可靠性已经成为评价电力企业供电能力的一个重要经济技术指标。与输电网相比，配电网网架结构相对薄弱，容易遭受洪涝、台风等自然灾害影响而导致大面积停电事故。然而，配电网防汛防台的规划设计、工程施工、运维改造、应急管理、物资管理和能力评价等内容尚未形成系统科学的知识体系，导致配电网的防汛防台能力仍有不足，同时造成广大从事配电网防汛防台工作的专业人士缺乏完善有效的配电网防汛防台工作指导。因此，建立科学有效的配电网防汛防台管理知识体系，可为配电网防汛防台的决策、施工、抢险等提供科学依据，对配电网防汛防台能力提升以及电力安全稳定供应具有重要的现实意义。

为响应国家有关部门、国家电网公司对配电网防汛防台工作的总体要求，本书结合现行的标准、规程和制度，凝聚现场管理人员的宝贵经验，以规划设计、工程实施、运维改造、应急管理、物资管理和能力评价为主线，系统地总结配电网防汛防台知识，为配电网防汛防台研究和应用工作提供基础资料。本书第一章介绍了与配电网防汛防台相关的灾害以及洪涝和台风灾害等基本知识；第二章深入分析了配电网防汛防台的现状及问题；第三～七章从配电网防汛防台的规划设计、工程实施、运维及改造、应急管理、物资管理等多维度构建了全过程技术体系；第八章开展配电网防汛防台能力评价；第九章探讨配电网防汛防台的新技术应用。

本书在编写过程中引用了国内外同行相关研究成果，在此向他们表示感谢。尽管编者尽了最大的努力，但因学识所限和时间仓促，错误、疏漏之处在所难免，敬请业内专家和学者批评指正。

作　者

2022 年 2 月

前言

第一章

基 本 知 识

我国是世界上少数自然灾害最严重的国家之一，表现为灾害种类多、发生频率高、分布地域广、造成损失大。国内灾害统计数据表明，每年由气象、海洋、洪涝、地震、农业、林业等灾害造成的直接经济损失约占全国生产总值的 3%～6%。自然灾害已经成为影响我国经济发展和社会安全的重要因素，依靠科技进步提高我国防灾减灾的综合能力已成为当务之急。

第一节　灾　害　概　述

一、灾害定义

由自然因素造成人类生命、财产、社会功能和生态环境等损害的事件或现象，称为自然灾害或自然灾害事件。自然灾害按其属性可分为突发性灾害和缓变性灾害，其中缓变性灾害发展至一定危险度后又可诱发突发性灾害。突发性自然灾害的致灾过程一般较短，有的在几天、几小时甚至几分钟、几秒钟内表现为灾害行为，如洪涝、台风、雷暴、冰雹等。

气象灾害是大气运动过程中出现的天气现象或气候状态的变化，在强度和时空尺度上超出了人类生存环境的承载能力，直接或间接地对自然和社会产生了破坏性影响，是一种影响范围大、致灾损失重且又频繁发生的自然灾害。气象灾害按照产生影响可分为原生灾害和次生灾害。原生灾害是指由气象原因直接造成生命伤亡与人类社会财产损失的自然灾害；次生灾害是由气象原因引发的其他自然灾害。据统计，最近30年，全球86%的重大自然灾害、59%的因灾死亡、84%的经济损失和91%的保险损失都是由气象灾害及其衍生的次生灾害引起的。

二、灾害种类

我国地理位置、特定的地形地貌和气候特征，致使我国气象灾害的种类之多属世界少见。世界高纬、中纬和低纬度，内陆和沿海各国发生的气象灾害，我国均有可能发生。《自然灾害分类与代码》(GB/T 28921—2012) 中将自然灾害划分为气象水文灾害、地质地震灾害、海洋灾害、生物灾害和生态环境灾害共5类灾害39种灾害。

由于地球各个圈层之间的相互作用和反馈关系，气象灾害往往会诱发更多的次生、衍生灾害。如台风和强冷空气带来的强风，严重威胁沿海地区和海上作业、航运；持续性的强降水会导致江河洪水泛滥并引发泥石流、山体滑坡等地质灾害；大面积持续干旱、洪涝、连续高温或低温则会导致农牧业严重受损、疾病流行等。

三、灾害防治

新中国成立以来，我国政府对自然灾害的预防和研究非常重视，建立了一批与自然灾害相关的研究机构和政府机构，比如中国气象局、国家海洋局、中国地震局、沙漠冰川研究所、大气物理研究所、林业土壤研究所、工程力学研究所、地震研究所、环境化学研究所等。针对地震这一在我国频发多发的自然灾害，国务院2000年成立了抗震救灾指挥部，在汶川、雅安等特大地震中发挥了重要作用。到目前为止，我国已经建立了一批专门的组织机构进行自然灾害的管理，包括抗震救灾指挥部、中国国际减灾委员会、全国防汛抗旱总指挥部、全国抗灾救灾综合协调办公室等。

我国在防灾减灾实践中积累了许多经验，也形成了一些独具特色的自然灾害治理结构。当前，中国灾害治理结构的特点是条块结合：在党中央、国务院的统一领导下，实行分类管理、分级负责，条块结合、属地管理；在各级党委领导下，实行行政领导责任制，充分发挥专业应急指挥机构的作用。

第二节　洪　涝　灾　害

通常来说，水灾分为"洪"和"涝"两种，"洪"指暴涨的水流，"涝"指水过多或过于集中而积水。洪涝是指因大雨、暴雨或持续降雨使低洼地区淹没、积水的现象。研究洪涝灾害特性，掌握其变化规律，积极采取防治措施，尽量减少洪涝灾害损失，具有重要意义。

一、洪涝介绍

（一）洪涝灾害的定义

一般认为河流漫溢或堤防溃决造成的灾害为洪灾；当地降雨过多，长久不能排去的积水灾害为涝灾。"洪"与"涝"是相对的，很难严格区分开来，世界各国均把淹没厉害的水灾称为洪水。虽然洪涝难以区分，但洪水和内涝在水文特性、灾害特点以及防洪治涝对策措施等方面均有明显的区别。一般来说，洪水来势迅猛，河流来水超常，而雨涝来势较缓，强度较弱；洪水可以破坏各种基础设施，淹死或伤人畜，对农业和工业生产会造成毁灭性破坏，破坏性强；而涝灾一般影响农作物和部分对水环境有要求的建筑设施，如变电站。防洪对策措施主要依靠防洪工程措施（包括水库、堤防和蓄滞洪区等），汛期还有一整套临时防汛抢险的办法，而治涝对策和措施主要通过开挖沟渠并动用动力设备排除地面积水。

洪涝灾害可分为直接灾害和次生灾害。在灾害链中，最早发生的灾害称原生灾害，即直接灾害，洪涝直接灾害主要是由于洪水直接冲击破坏、淹没所造成的危害。如人口伤亡、土地淹没、房屋冲毁、堤防溃决、水库堵竭；交通、电信、供水、供电、供油（气）中断；工矿企业、商业、学校、卫生、行政、事业单位停课停工停业以及农林牧副渔减产、减收等。

次生灾害是指在某一原发性自然灾害或人为灾害直接作用下，连锁反应所引发的间接灾害。如暴雨、台风引起的建筑物倒塌、山体滑坡、风暴潮等间接造成的灾害都属于次生灾害。次生灾害对灾害本身有放大作用，它使灾害不断扩大延续，如一场大洪灾来临，首先是低洼地区被淹，建筑物浸没倒塌，然后是交通、通信中断，接着是疾病流行、生态环境恶化，而灾后生活生产资料的短缺常常造成大量人口的流徙，加剧了社会的动荡不安，甚至严重影响国民经济的发展。

（二）洪水等级

水文要素（如降水量、洪峰流量、洪量等）的大小和等级是遵循一定的观测调查资料，按洪水出现的稀有程度来确定其大小和等级，在数理统计学上称为"概率"，在水文学上则习惯称为"频率"，属于洪水要素方面的，称为"洪水频率"，常以"%"表示。水文上一般采用0.01%、0.1%、1%、10%、20%来衡量不同量级的洪水，洪水频率越小，表示某一量级以上的洪水出现的机会越少，则降水量、洪峰流量、洪量等数值越大；反之，出现的机会越多，则数值越小。如洪水频率为 1%，则为百年一遇洪水。水文上除采用洪水频率定量衡量洪水的大小外，也常用重现期（以年为单位）来描述。重现期是指洪水变量大于或等于某随机变量，在很长时期内平均多少年出现一次（即多少年一遇）。这个平均重现间隔期即重现期，用 N 表示，但不能理解为每隔百年出现一次，也可能一次都不出现。

在防洪、排涝研究暴雨洪水时，频率 P（%）和重现期 N（年）存在下列关系

$$N = \frac{1}{P} \qquad\qquad (1-1)$$

$$P = \frac{1}{N} \times 100\% \qquad\qquad (1-2)$$

例如，某水库大坝校核洪水的频率 $P = 0.1\%$，则有 $N = 1000$ 年，称千年一遇洪水，即出现大于或等于 $P = 0.1\%$ 的洪水，在长时期内平均一千年遇到一次。若遇到大于该校核标准的洪水时，则不能保证大坝的安全。

洪水的等级按洪峰流量重现期划分为以下 4 级：

（1）重现期 5～10 年一遇的洪水，为一般洪水。

（2）重现期 10～20 年一遇的洪水，为较大洪水。

（3）重现期 20～50 年一遇的洪水，为大洪水。

（4）重现期超过 50 年一遇的洪水，为特大洪水。

二、洪涝特性

（一）江河洪水

全国每年都会遇到不同程度的洪水灾害，但各地洪灾发生的频率是不同的。洪灾频率地区之间的变化与自然条件、社会经济状况关系密切，地区之间的变化有一定规律。

（1）洪灾常发区主要分布在东部平原丘陵区，其位置大致从辽东半岛、辽河中下游平原并沿燕山、太行山、伏牛山、巫山到雪峰山等一系列山脉以东地区，这一地区处于我国主要江河中下游，地势平衍，河道比较平缓，人口、耕地集中，受台风、梅雨锋影响，暴雨频率高，强度大。除东部平原丘陵地区外，西部四川盆地、汉中盆地和渭河平原，也是洪灾常发区。

（2）在东部洪灾常发区，洪灾频率也不相同，其中有 7 个主要频发区，其位置自北往南依次为：辽河中下游、海河北部平原、鲁北徒骇马颊河地区、鲁西及卫河下游、淮北及里下河地区、长江中游、珠江三角洲。上述 7 个洪灾频发区的一个共同的特点是它们都位于湖泊周边低洼地和江河入海口。其中海河下游、淮北部分地区和洞庭湖区为全国洪灾频率最高的地区。

（3）中部高原地区除了若干盆地洪灾频率比较高以外，大部分地区属于洪灾低发或少发区，灾害性洪水的范围大多是局地性的。东北地处边陲，地广人稀，除嫩江、松花江沿江地带为洪灾低发区外，大部分地区为洪灾少发区。

我国洪灾时间分布上的两个重要特点是集中性和阶段性。

（1）集中性。暴雨洪水量级年际之间的变化极不稳定，常遇洪水和稀遇的特大洪水，其量级往往差别很大。大江大河少数特大洪水所造成的灾害，在洪灾总损失中占有很大比重。洪灾损失虽然年年都有，但主要集中在几个特大水灾年。

（2）阶段性。洪灾的阶段性，是指在全国范围内连续一个时期水灾频繁、灾情严重，而另一个时期风调雨顺或者水灾较轻，在时序分布上二者呈阶段性交替出现。

（二）山洪

我国山洪的分布很广，在多暴雨的山区、丘陵和高原都有山洪发生，只是破坏力大小因地因时差异很大。因此，山洪的分布一般比泥石流的分布更大。我国山洪地域性分布广，全国 2/3 的山丘区都有发生，其中以西南山区、西北山区、华南地区、华北土石山区最为强烈。

山洪的时空分布与暴雨的时空分布相一致。每年春夏之交我国华南地区暴雨开始增多，山洪发生的概率随之增大，受其影响的珠江流域在 5～6 月的雨季易发生山洪；随着雨季的延迟，西江流域在 6 月中旬至 7 月中旬易发生山洪；6～7 月主雨带北移，受其影响的长江流域易发生山洪；湘赣地区在 4 月中旬即可能发生山洪；5～7 月湖南境内的沅、资、澧流域易发生山洪；清江和乌江流域在 6～8 月发生山洪；四川汉江流域为 7～10 月发生山洪；7～8 月在西北、华北地区易发生山洪；此外，受台风天气系统的影响，沿海一带在 6～9 月的雨季也可能发生山洪。

（三）内涝

我国地域辽阔，地形复杂，大部分地区为典型的季风气候，因此雨涝的分布有明显的地域性和时间性。我国大约 2/3 的国土面积，有着不同类型和危害程度的洪涝灾害，最严重的地区是七大江河流域中下游的广阔平原区。

从降水的年际变化来看，地表径流来自大气降水，内涝灾害与降雨量的年际变化和年内分配关系密切。近 100 年来，我国的年降水呈现明显的年际振荡。全国极端降水值和极端降水平均强度都有增强趋势，极端降水量占总降水量的比率趋于增大。内涝灾害与气候条件密切相关，气候的周期性动态变化可导致内涝灾害周期性出现。从降水的年内变化来看，我国大部分地区属于东亚季风气候。随着季节的转换，盛行风向发生显著变化，气候的干湿和寒暑状况交替，雨涝时间分布特点是南部早北部晚，大部分降雨集中在夏季数月。

（四）泥石流

泥石流分布广泛、活动频繁、类型多样、危害严重，经常发生在峡谷地区和地震火山多发区，在暴雨期具有群发性。我国泥石流的区域分异和发育程度受控于地质构造和地貌组合；泥石流的爆发频率和活动强度受控于水源补给类型和动力激发因素；泥石流的性质和规模受控于松散物质的储量多寡、组构特征和补给方式。暴雨型泥石流是我国分布最广泛、数量最多、活动也最频繁的泥石流类型。主要分布地区为我国东部和中部人口较集中、经济较发达的地区，因而造成的危害最大，与人民生活、国家建设的关系也最密切。降雨强度对于暴雨型泥石流的发生有着决定性影响，在各种地质环境下，降雨强度都要达到相应的临界才会导致泥石流爆发。

三、洪涝灾害成因

洪涝灾害包括洪水灾害和雨涝灾害两类。其中，由于强降雨、冰雪融化、冰凌、堤坝溃决、风暴潮等原因引起江河湖泊及沿海水量增加、水位上涨而泛滥以及山洪暴发所造成的灾害称为洪水灾害；因大雨、暴雨或长期降雨量过于集中而产生大量的积水和径流，排水不及时，致使土地、房屋等渍水、受淹而造成的灾害称为雨涝灾害。由于洪水灾害和雨涝灾害往往同时或连续发生在同一地区，有时难以准确界定，往往统称为洪涝灾害。其中，洪水灾害按照成因，可以分为暴雨洪水、融雪洪水、冰凌洪水、风暴潮洪水等。根据雨涝发生季节和危害特点，可以将雨涝灾害分为春涝、夏涝、夏秋涝和秋涝等。

（一）自然成因

我国重大洪涝灾害受自然因素影响较大。我国东部的平原地势是重大洪灾形成的环境条件，夏季的持续性暴雨则是重大洪灾形成的直接因素。自然成因主要包括：① 地势低平，排水不畅，易导致洪灾发生；② 雨季持续性强暴雨造成洪水泛滥，水位超警戒线；③ 来洪量与泄洪量相差大，泄洪能力不足。

（二）人为因素

人为成因主要包括：① 水利矛盾突出，排涝泄洪工程设施标准低；② 围湖造田严重，湖泊和湿地面积大量减少；③ 森林植被破坏严重，水土流失加剧。

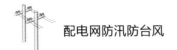

第三节　台　风　灾　害

一、台风介绍

大风灾害，是指平均或瞬时风速达到一定速度或风力的风，对人类生命财产造成严重损害的一种自然灾害。台风即在热带或副热带海洋上产生的强烈空气漩涡，也称为热带气旋。在西北太平洋和南海，当热带气旋风力达到一定级别时称之为台风。台风带来狂风、暴雨和风暴潮的同时往往伴随洪涝、泥石流等次生灾害，具有明显的群发性特征。本章节将重点介绍蒲福风力等级以及台风等级。

1. 蒲福风力等级

按照蒲福等级划分原则，风力分成 0～12 共 13 个等级，它是按照陆上地物征象、海面和渔船征象以及 10m 高度处的风速、海面波浪高等进行划分。自1946 年以来，风力等级又做了扩充，增加了 13～17 级 5 个等级。具体的风力等级划分见表 1-1。

表1-1　　　　　　　　　风　力　等　级　划　分

风力等级	名称	风速范围（m/s）	陆地现象
0 级	无风	0～0.2	静，烟直上
1 级	软风	0.3～1.5	烟能表示风向
2 级	轻风	1.6～3.3	感觉有风，树叶微响
3 级	微风	3.4～5.4	树叶一直摆动，旗帜展开
4 级	和风	5.5～7.9	吹起地面灰尘和纸张
5 级	清劲风	8.0～10.7	小树枝摆动
6 级	强风	10.8～13.8	大树枝摆动，举伞困难
7 级	疾风	13.9～17.1	全树摆动，行走困难
8 级	大风	17.2～20.7	树枝折毁，步行阻力极大

续表

风力等级	名称	风速范围（m/s）	陆地现象
9 级	烈风	20.8～24.4	可吹起房屋瓦片
10 级	狂风	24.5～28.4	将树木拔起，损坏房屋
11 级	暴风	28.5～32.6	陆上少见，破坏力大
12 级	飓风	32.7～36.9	陆上罕见，破坏力极大
13 级	飓风	37.0～41.4	陆上罕见，破坏力极大
14 级	飓风	41.5～46.1	陆上罕见，破坏力极大
15 级	飓风	46.2～50.9	陆上罕见，破坏力极大
16 级	飓风	51.0～56.0	陆上罕见，破坏力极大
17 级	飓风	56.1～61.2	陆上罕见，破坏力极大
17 级以上	飓风	≥61.3	陆上罕见，破坏力极大

2. 台风（热带气旋）等级划分

根据世界气象组织的规定，2006 年我国颁布了《热带气旋等级》（GB/T 19201），热带气旋按底层中心附近最大风速划分为 6 个等级：

（1）热带低压：风速 10.8～17.1m/s，即风力 6～7 级。

（2）热带风暴：风速 17.2～24.4m/s，即风力 8～9 级。

（3）强热带风暴：风速 24.5～32.6m/s，即风力 10～11 级。

（4）台风：风速 32.7～41.4m/s，即风力 12～13 级。

（5）强台风：风速 41.5～50.9m/s，即风力 14～15 级。

（6）超强台风：风速≥51.0m/s，即风力 16 级或以上。

需要特别注意，这里的风速是指热带气旋底层中心附近最大 2min 平均风速。

台风的形成是一个非常复杂的过程，一般认为其形成的基本条件有：

（1）有台风初始胚胎，如热带扰动。

（2）洋面表层海温在 26℃以上。

（3）对流层中下层水汽充沛、湿度大。

（4）初始胚胎上空的大气层结存在较强的位置不稳定。

（5）弱的水平风速垂直切变。

（6）生成的地理位置一般在赤道两侧 5°N（S）之外。

值得注意的是，上述条件只是台风形成的必要非充分条件，达到这些条件未必一定会使台风形成。实际上台风的形成是环境大风、内部条件和海洋状态三者相互作用的更为复杂的结果。

二、台风特性

（一）时空分布特性

我国地处亚欧大陆的东南部、太平洋西岸，属台风多发地区，尤其是东南沿海的广东、台湾、福建、海南等省区。历史资料统计表明，1949～2019 年间共有 498 个台风在我国沿海登陆，平均每年 7 个，登陆地点主要集中在我国东南沿海。图 1-1 所示为 1949～2019 年登陆台风在我国沿海各地区的分布情况。可以看出，登陆频次最高的省份是广东省，平均每年有 2.72 次台风登陆，这与华南地区台风活跃以及广东省绵长的海岸线不无关系；其他较高的省份有台湾、海南、福建和浙江，平均每年有 1.77 次、1.48 次、1.41 次和 0.61 次台风登陆，每年台风在上述五省的登陆频次约占台风登陆总频次的 90%。

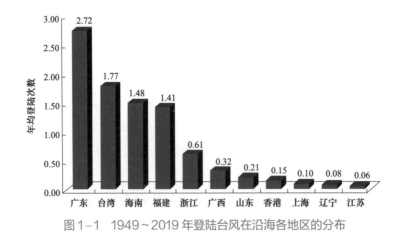

图 1-1　1949～2019 年登陆台风在沿海各地区的分布

图 1-2 所示为 1949～2019 年登陆我国台风的逐月分布情况。可以看出，台风登陆时段集中在夏秋季。

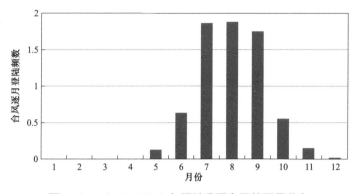

图1-2 1949~2019年登陆我国台风的逐月分布

（二）风场特性

台风中心区域称台风风眼，风眼处风力和降雨量都很小；周围的结构称眼壁，是台风风力最强的地方，再往外是螺旋雨带区。台风的静态模型如图1-3所示。

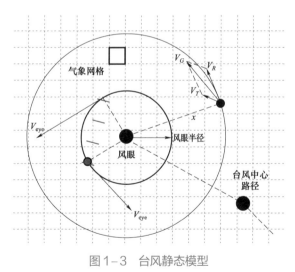

图1-3 台风静态模型

V_{eye}—台风眼壁处的风速，可以近似认为是台风结构的最大风速

台风风场中任一点的风速$\overrightarrow{V_G}$等于环流风速$\overrightarrow{V_R}$与移行风速$\overrightarrow{V_T}$的矢量和，即

$$\overrightarrow{V_G} = \overrightarrow{V_R} + \overrightarrow{V_T} \qquad (1-3)$$

螺旋雨带区的环流风速随着离眼壁距离的增大而逐渐减小。目前国内外有许多台风环流风速和移行风速的计算方法，采用的基本都是经验模型。以常用的移行风速分布经验模型宫崎正卫模型和环流风速分布经验模型 Rankine 模型为例，宫崎正卫模型中台风的移行风速可描述为

$$V_T = V_0 \mathrm{e}^{-\frac{\pi r}{R_G}} \qquad (1-4)$$

式中：V_0 为台风中心的移动速度；r 为台风风场中一点到台风中心的距离；R_G 为台风影响区域的半径。

Rankine 模型中台风的环流风速可描述为

$$V_R = \begin{cases} (r / R_{\mathrm{eye}})V_{\mathrm{eye}} & r \in [0, R_{\mathrm{eye}}] \\ (R_{\mathrm{eye}} / r)V_{\mathrm{eye}} & r \in (R_{\mathrm{eye}}, \infty) \end{cases} \qquad (1-5)$$

式中：R_{eye} 为风眼半径。台风中心到台风眼壁之间环流风速增大，在台风眼壁处增大到最大风速后再逐渐减小。

台风近地层风场分布概念模型如图 1-4 所示。分析台风近地层风场的主要特性有湍流强度、风廓线（垂直风切变）、阵风系数等。

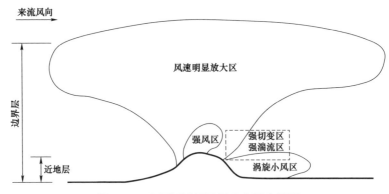

图 1-4　台风近地层风场分布概念模型

湍流强度是评价气流稳定程度的指标，其计算公式为

$$I = \frac{\sigma_v}{v} \qquad (1-6)$$

式中：I 为湍流强度；v 为 10min 平均风速；σ_v 为 10min 瞬时风速相对平均风速

的标准差。台风结构中台风眼的湍流强度一般是最大的。

风廓线是指风速随高度的变化曲线。目前常用的风廓线模型有指数律模型和对数律模型。其计算公式分别为式（1-7）和式（1-8）

$$u = u_0 \left(\frac{z}{z_0} \right)^{\alpha} \tag{1-7}$$

$$u = \frac{u_0}{\kappa} \ln \left(\frac{z}{z_0} \right) \tag{1-8}$$

式中：u 为高度 z 处的风速；u_0 为粗糙度长度 z_0 处的风速；α 为风切变指数；κ 为卡曼常数。

阵风系数表示风的脉动强度，阵风系数的计算公式为

$$G = \frac{v_{max}}{v} \tag{1-9}$$

式中：G 为阵风系数；v 为 10min 平均风速；v_{max} 为瞬时风速的极大值。

实际的台风是不断移动、强度不断变化的。登陆后，由于受到地面摩擦耗散以及陆面大气的动力、热力条件的影响，将出现海陆气三者间的复杂作用。因而登陆型台风受到地形强迫和陆地摩擦耗散作用，加速台风系统填塞、消亡。然而，微地形或复杂地形所激发的次级环流可能导致台风极大风速或局部风力的显著加强，使得登陆型台风的破坏力在短时间内得到强化，造成恶劣影响。

三、台风灾害成因

台风本身所具有的破坏力、承灾体的承灾能力以及当地的人员和产业结构特征等决定了台风灾害的大小。台风的破坏力取决于与其伴随的强度、风、雨和风暴潮等因素，这是我国台风灾害的主要成因。

（一）台风大风引发灾情

大风是伴随台风的主要天气。台风引起的大风对海上、江上作业的船只有很大危害，常会引起船翻人亡事故。在陆地上则会拔树倒屋，摧毁农作物、建筑物、电力和通信设备等，如图 1-5 所示。最大风速和极大风速及其出现的范围则是表征受台风影响时的风特征量。

图1-5　台风大风引发的灾情

（二）台风降水引发灾情

降水是与台风伴随的另一主要天气，同时也是引发渍涝和山洪暴发从而形成灾害的主要原因，因此必定是造成台风灾害的重要成因之一。台风暴雨，常引起城市内涝、山洪暴发、江河泛滥成灾，有时还会造成塌方、滑坡、冲毁桥梁等，如图1-6所示。

图1-6　台风降水引发的灾情

（三）台风登陆与灾情关系

台风的灾情主要发生在近海及陆地上，因此台风的灾情势必与台风登陆及其在陆上的活动特征密不可分。台风登陆前后，由于下垫面等特征发生了显著变化，复杂的海-气、陆-气及台风与中纬度系统的相互作用，使台风的路径、强度变化以及风雨分布更具不确定性，其影响大小与台风登陆时自身的强度、登陆点位置、登陆前后的移速以及在陆上的维持时间等有关。

　　总体上看，台风登陆前后及在陆上期间的移速越快，相应的灾情则可能越重，但是，如果台风移速很慢甚至停滞（不足 10km/d）的台风，则易产生局地洪涝，也会引发大灾。

第二章

现 状 及 问 题

配电网直接连接千家万户，点多面广，配电网的故障虽不易酿成大电网事故，但是目前配电网抗灾应变能力普遍较低，一旦出现灾变，容易引发大范围的配电网故障，直接影响一个地区甚至城市的电力供应，其后果同样是灾难性的，近年来频发的自然灾害（台风、洪涝等）有许多这方面的案例。因此，研究配电网的防灾减灾措施，最大限度地减少自然灾害对配电网造成的影响，具有重要意义。

第一节 配电网灾害概述

配电网是国民经济和社会发展的重要公共基础设施。近年来，我国配电网建设投入不断加大，配电网发展取得显著成效，但用电水平相对国际先进水平仍有差距，城乡区域发展不平衡，供电质量有待改善。配电网直接连接千家万户、点多面广，配电设备遍布城市和农村的大街小巷，长期暴露于自然环境中；与输电网相比，其网架结构和设备防护水平相对薄弱、抵御灾害能力相对脆弱，比输电网更容易遭受自然灾害影响，主要体现在：① 配电网自动化程度较低，远程测量、开关配备不齐全；② 配电网的冗余较低，不满足 $N-1$ 校验；③ 配电网中控制保护手段较为匮乏，特别是低电压等级配电网的停电恢复仍以人工维修为主；④ 现有配电网重构、黑启动研究并不完全适用于极端自然灾害下的配电网恢复。

一旦发生自然灾害尤其是极端气象灾害，如东南沿海的台风、长江等流域的洪涝以及雷电、冰雪等，配电设备往往会遭受波及，从而导致大面积停电事故，单次灾害的直接影响可达到数以百万计用户的严重程度，其后果是灾难性的。大面积的灾情一旦发生，抢修复电工作的及时性、有效性则直接影响到人民正常生活和社会经济发展。对于电网企业而言，配电网的大面积故障停电不仅造成用户端的停电损失，也会对上游的发输电系统造成不可估量的损失。

第二节 洪涝灾害现状

一、现状概述

洪涝及地质灾害是因特大暴雨或降雨时间持续过长、过于集中，引起山洪暴发、河流泛滥，造成洪灾和涝灾，并引起山体坡度较陡、土层及风化产物分布较厚、结构松散的以软质岩为主的山区发生山体滑坡、崩塌和泥石流的地质灾害。其突发性强、破坏力大，具有明显的季节性，一般多在夏秋季节发生。

洪涝地质灾害对配电网破坏力巨大，经常引发配电网架空线路倒杆断线和配电装置受淹损毁的灾损事故，并且抢修复电难度大，致使供电区域大面积和长时间停电，造成巨大的经济损失和社会影响。目前配电网在网络规划、工程设计、设备选型等环节，对洪涝地质灾害的防灾减灾技术研究还相对不足。

二、灾损特性

根据在洪水、内涝等各类洪涝灾后大量配电网灾损与故障调查，配电网故障主要包括杆塔失效、基础倾覆和配电设备水浸失效。各洪涝灾害类型下的配电网主要灾损类型及灾损形式见表2-1。

表2-1 各洪涝灾害类型下配电网主要灾损类型及灾损形式

灾损类型	灾损形式（失效模式）
杆塔失效	杆塔在暴雨、洪涝带来的可变荷载和永久荷载综合作用下导致杆身或塔身变形，超过限值发生失效，严重时出现杆/塔身折断的现象，俗称"断杆/塔"
杆塔基础倾覆	杆塔在暴雨、洪涝带来的可变荷载和永久荷载综合作用下导致基础出现松动、位移变形，导致杆塔倾斜，严重时出现整体性倾覆的现象，俗称"倒杆/塔"
配电设备水浸失效	开关柜、环网柜、箱式变电站等配电设备因水浸导致设备内部出现故障

1. 架空线路灾损特性

架空线路灾损的主要形式有：山体塌方、滑坡导致杆塔倾覆；泥石流和洪水冲击导致倒断杆；溪河水冲刷导致杆塔和拉线基础塌方；洪涝水位浸泡导致基础抗剪强度下降、拉线上拔、电杆倾覆；山体塌方和倒树撞击导致断线、倒断杆；通信杆倒杆压覆或扯倒电杆。架空线路典型灾损如图 2-1 所示。

图 2-1　架空线路典型洪涝灾损

其灾损特点如下：

（1）灾损与杆塔位置和线路走廊密切相关，灾损地形主要有：

1）土质陡坡地带（粉质黏土、浅根系植被和汇水山垄最常见）：杆塔立于土质陡坡的坡边、坡腰和坡脚，道路外侧陡坎；线路走廊处于陡坡坡脚塌方倒树范围。

2）溪河谷和冲沟地带：溪河谷、冲沟及其岸边、河滩、河漫滩。

3）软弱土质涝区：洼地、软土质农田、沙砾地，这些地带在暴雨时成为涝区或溪河变迁改道区。

4）连排串倒线路通常位于溪河谷、冲沟、河滩、河漫滩，或者受涝的软土质农田和洼地、沙砾地。

（2）灾损与杆塔基础和拉线基础的损坏密切相关。洪涝和地质灾害首先损毁的是杆塔基础和拉线基础，电杆倾覆大多与基础的塌方、受洪水杂物冲击、浸泡软化和浮托力增加有关，其中拉线损毁主要是由于基础塌方或者上拔。

在非不可抗力的灾害地形，拉线足够，选位安全，杆深埋或有围墩、深桩基础的耐张杆生存率明显提高，而在河漫滩埋深浅、无特殊基础的电杆则较容易串倒。

（3）灾损与电杆强度和抗冲击能力有关。在倒断杆总数中断杆和裂杆占40%左右，一方面由于塌方、倒树、洪水中的滚石和树木、相邻倒杆等造成电杆受瞬间冲击概率较高、冲击力较大；另一方面灾损线路几乎是采用预应力杆（含旧杆、小径杆），脆性高，受瞬间冲击力一有裂纹就很容易断杆、报废。

（4）灾损与导线强度和档距控制有关。直线杆前后水平或者垂直档距差过大、耐张段过长、导线截面偏小或不带钢芯的线段容易发生倒杆，主要是经过持续强降雨和洪涝浸泡，电杆基础已泡软倾斜，小导线受到冲击力或不平衡张力时容易断线，引起连锁倒杆。

2. 配电装置灾损特性

（1）柱上变压器台灾损特点。柱上变压器台典型灾损形式包括塌方倾覆、外物撞损、洪水冲毁、被倒杆线路扯倒摔损（见图2-2），其中柱上变压器台台址的洪涝和地质灾害是主要原因，而部分柱上变压器台拉线、基础设计、施工工艺存在不足，造成柱上变压器台稳定性不够，以及传统设计柱上变压器台在狭窄地带显得尺寸偏大、难以选到安全位置，也是灾损的部分原因。

图2-2 柱上变压器台典型洪涝灾损

（2）开关站/配电室灾损特点。配电装置灾损主要原因为设防水位低于洪涝水位，部分开关站/配电室处于内涝区或洼地、设防水位低、阻水功能差，当选用设备防潮性能低和防水等级不当时，受洪水浸泡开关柜甚至开关本体，易造成柜体损坏，大部分设备经清洗烘干后重新投运，但少量设备因进水而无法及时断电引发内燃弧故障损坏。其典型灾损如图2-3所示。

图 2-3   开关站/配电室典型洪涝灾损

（3）环网柜灾损特点。全绝缘、全封闭结构环网柜（一次设备除引出静触头外全绝缘）短时间浸水，在清洗烘干后均能投入运行，清洗烘干的主要部位为电缆附件和环网柜下隔室器件，如控制用电压互感器。个别复合绝缘、多隔室的箱式环网柜，因设计选用的绝缘结构、防水等级和隔弧结构不能适应室外洪涝地带，易进水引发内燃弧故障导致"火烧连营"，引起整台环网柜损坏。其典型灾损如图2-4所示。

图 2-4   环网柜典型洪涝灾损

（4）箱式变压器灾损特点。美式箱式变压器高压部分为全封闭油浸绝缘、防水等级高，其灾损部位主要在低压室。预装式组合变电站高压侧有较多的空气绝缘和环氧树脂绝缘器件和部位，阻水能力低，进水位置和易受潮部位多，难以及时断电，容易造成损坏。其典型灾损如图 2-5 所示。

图 2-5　箱式变压器典型洪涝灾损

（5）低压配电设备灾损特点。综合配电箱、计量箱和电能表典型灾损形式是随柱上变压器台倾覆损毁、洪涝水位高受淹和雨水流入造成内部故障，部分低压表计及表后线路被洪水浸泡，存在计量精度和安全隐患。其典型灾损如图 2-6 所示。

图 2-6　低压配电设备典型洪涝灾损

第三节 防汛存在的问题

一、规划环节

线路选址不当：线路沿河漫滩架设（见图 2-7），在设计选址时未避开山洪冲沟及其岸边、河滩、河漫滩等易发生洪水冲刷地带，流域水位在短时间内急剧增长，且水流湍急，产生巨大冲力冲刷杆塔基础，导致沿线杆塔被冲毁。

受损杆位于溪河边开阔地带，此次洪水导致朱盾线605沿河电杆及拉线基础由于受到洪水的强力冲击和冲刷，电杆和拉线基础被掏空，导致其失去对杆塔的支撑作用，致使朱盾线605沿河电杆全线倒塌。

图 2-7 线路沿河岸选址

二、设计环节

河流洪水位设计不够：线路跨河段杆塔弧垂较低，当洪水来得快、猛且持续时间长时，水位比平时高出很多，造成导线对水面距离不足而停运，另外流水冲力和漂浮物挂在导线上，拉扯电线致斜杆、倒杆，如图 2-8 所示。

图2-8 河流水位上涨影响配电线路运行

此外，现行的防灾设计标准落地不到位，限制了防灾措施的执行。现场调研存在设计人员和图审人员对灾害位置辨识不够，设计图纸上对在已知的灾害地形上立杆架线的防灾措施也没有体现，同时对在低洼位置设置配电站房也没有明确设防水位，从而在设计阶段埋下了灾损发生的隐患。

三、施工环节

在灾损位置立杆，没有采取相应的限制灾损的防灾措施。如存在跨河道的杆段没有采取相应的加强杆型或设置独立耐张段、位于易冲刷坍塌的岸边的杆塔没有加强基础、位于河边的环网柜没有按照洪水位抬高基础等防灾措施。存在个别杆位水泥杆埋深不足的问题，降低了配电网线路和杆塔的抗灾能力。

线路上的环网柜、箱式变电站建设时未考虑防涝的设防水位，同时也没有对基础进行抬高，导致洪涝时被水浸泡，由于其复合绝缘小，母线位置低、跨度长，进水后发生内部电弧故障，导致设备损毁。此外，故障环网柜多是空气绝缘，防水等级为IP33的XGN型环网柜（适合于户内使用，不宜用于户外），箱式变电站选择的是带通风孔的预装式欧式箱式变电站（洪水可能通过通风孔浸入），说明涝区配电设备选型不当。

四、运维环节

运维人员对灾害地形下的线路和杆塔消缺不彻底，导致重复性灾损发生。如现场调研发现，有些杆段位于道路靠山侧，经常发生线树矛盾，但均采取临时消缺处理的方式，未列入技改进行源头治理。在下次暴雨情况下，有可能发生树木倾倒导致倒杆断线的严重灾损。

低洼区应急准备不充分：小区站房属于地势低洼区域，暴雨致使小区地面积水，配电站门位于地面上，但站房地基比室外水平地面低（类似负一层），电缆沟封堵不到位及室内抽水设施不完善，积水从站房外电缆沟进入，致使室内被淹。

五、抢修环节

水泥杆、导线等重型物资受限于道路交通瘫痪，严重制约抢建效率的提升。灾损调研发现，灾害多发生于山区，交通不发达，洪涝灾害易引起道路桥梁冲毁，而现有物资储备以县公司为单位集中储备，在道路不通的情况下，物资难以快速运达，限制了灾损的快速抢修。

抢建作业缺少特殊工器具和机械化设备，制约抢建效率的提升。调研发现，在抢建中普遍存在基础为石基的杆塔组立埋深不够的问题，其主要原因是抢修队伍一般是临时组建，时效性要求高，且存在作业环境恶劣的问题，导致在石基杆洞作业时，由于缺少专用工具，靠传统机具难以保证作业质量，且耗费工时长，无法保证杆基要求的深度。同时缺少挖坑机、架线机等机械化设备，也在一定程度上延长了抢修的时长。

第四节 台风灾害现状

一、灾害概述

强台风环境下配电网灾害的主要诱导因素分为风和涝两类。历次台风灾情显示，一旦台风路径周围出现随机性的强风、强降雨，往往容易诱发故障发生。基于区域自然灾害系统理论，自然灾害的形成机理可以从致灾因子、孕灾环境和承灾体三个方面进行阐述。区域灾情是某种致灾因子通过孕灾环境作用于特定的承灾体而产生的，由此构建出配电网的台风灾害链，如图2-9所示。

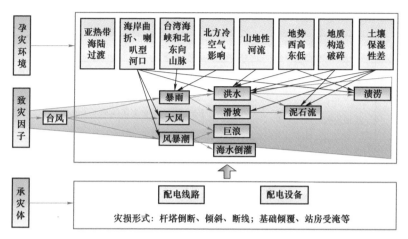

图2-9　配电网台风灾害链

致灾因子危险性、孕灾环境敏感性、承灾体脆弱性是配电网台风灾害链的三个基本要素。致灾因子的危险性是配电网台风灾损产生的必要条件，主要考虑台风带来的大风、暴雨、风暴潮及其带来的山洪、泥石流等气象因素。孕灾环境是配电网灾损发生、发展并且能否成灾的一个基础条件，影响孕灾环境的主要因素是微地形和下垫面信息。致灾因子与孕灾环境构成了台风灾害致灾强度的可能性，对于具体会对该地区配电网造成多大的灾情则取决于承灾体自身的特性。

二、灾损特性

根据大量的台风灾后配电网灾损与故障调查，本书将台风（强风）造成的配电网灾损分为永久性故障和临时性跳闸两大类。其中永久性故障分为杆塔失效、基础倾覆、导线失效和其他类设备失效四小类；临时性故障分为树线矛盾、异物短路和风偏跳闸。表2-2所示为各灾损类型下的灾损形式。

表2-2　　　　　　　台风下配电网主要灾损类型及灾损形式

灾损大类	灾损小类	灾损形式（失效模式）
永久性故障	杆塔失效	杆塔在强风下因可变荷载和永久荷载综合作用导致杆身或塔身变形，超过限值发生失效，严重时出现杆身、塔身折断的现象，俗称"断杆/塔"
	基础倾覆	杆塔在强风下因可变荷载和永久荷载综合作用导致基础出现松动、位移变形，导致杆塔倾斜，严重时出现整体性倾覆的现象，俗称"倒杆/塔"

续表

灾损大类	灾损小类	灾损形式（失效模式）
永久性故障	导线失效	架空导线、引线和跳线在强风下因可变荷载和永久荷载综合作用导致导线出现断线、断股的现象
	其他失效	线夹、金具和绝缘子等在强风下因可变荷载和永久荷载综合作用导致损坏、失效
临时性跳闸	树线矛盾	架空线路走廊两侧树木、毛竹在强风的作用下倚靠或倒伏在导线上，造成线路短路跳闸故障
	异物短路	强风吹起的各类异物压挂在导线上造成短路跳闸故障
	风偏跳闸	导线在强风的作用下发生偏摆后由于电气间隙距离不足导致放电故障

1. 永久性故障

此类灾损是由于强风直接或间接造成了杆塔、导线等设备损坏故障，需要对设备进行抢修或者更换才能恢复正常供电。

（1）断杆/塔。在配电架空线路中，杆塔是最重要的组成部分，起着支撑导线、绝缘子、金具的作用，同时保证导线之间的以及与大地建筑物或跨越物之间的安全距离。杆塔在正常运行的过程中主要受到杆塔的自重、导线自重、覆冰荷载及风荷载等载荷的作用。由于杆塔经常会承受覆冰荷载、风荷载、地震荷载的作用，致使杆塔发生断杆/塔、倒杆/塔一系列的灾损，如图2-10所示。

(a)   (b)

图2-10　断杆/塔

（a）断杆；（b）断塔

（2）倒杆/塔。杆塔基础失效模式主要有上拔、下沉和倾覆，根据大量的风灾后灾损调查，失效模式几乎都是倾覆失效。杆塔基础在各类荷载综合作用下导致松动、位移乃至倾覆，基础失效引起杆塔倾倒甚至倾倒，如图 2-11 所示。

(a)   (b)

图 2-11　倾/倒杆

（a）倾杆；（b）倒杆

（3）断线。在各类强风灾害下，导线断线、断股也是一种较为常见的灾损，如图 2-12 所示。断股是指导线局部绞合的单元结构（一般为铝股）发生破坏，断线是导线的钢芯和导体铝股完全被破坏。从灾损设备类型来看，绝大多数是不带钢芯的导线。从断线位置来看一般发生在导线的以下三个位置：

(a)   (b)

图 2-12　导线断线

（a）导线断线远景；（b）导线断线近景

1）导线与绝缘子的固定连接处。

2）导线与线夹的固定连接处。

3）树木、广告牌等异物压砸导线处。

2. 临时性跳闸

强风造成杆塔、导线等配电设备直接损坏的同时，往往迫使导线晃动、树竹剧烈摇晃，同时吹起广告牌、地膜等异物，如图 2-13 所示。这种灾害天气往往会造成大量的配电线路单相失地、相间失地短路跳闸，严重影响了供电可靠性。

(a) (b)

图 2-13　强风下易引发线路临时性跳闸故障各类原因
(a) 树木挂线；(b) 异物挂线

第五节　防台风存在的问题

一、规划环节

未对规划整体区域内的灾害类型和灾害特点等开展分析，未按照"避开灾害、防御灾害、减少灾损"的防灾策略选择线路路径走廊及设施布局。部分供电区域未形成手拉手供电等问题影响应急转供电，导致台风灾害中无法实施转供电。

二、设计环节

（1）设计气象条件偏低、软基土质基础设计加强不足。早期设计气象条件没有县区、乡镇级划分，导致沿海乡镇设计风速整体偏低，在水泥杆选型、基础设计和防风拉线等方面存在不足，造成台风倒杆；有些地区为沙土、滩涂等软基土质，早期水泥杆基础针对软基土质的加强设计不足，多还采用底盘和卡盘设计，在 A 类及以上大风速区难以满足抗风要求，基础设计强度不足导致在台风灾害中发生倒杆事故。

（2）早期杆塔选型标准低，难以满足沿海腐蚀和大风速区使用。水泥杆中较多采用预应力焊接杆（均为早年设计建设时遗留下来），大量存在焊接杆，且断裂处均位于焊接处上部铁皮与水泥杆交接处。按照相关差异化设计规定，上述水泥杆不适用于沿海腐蚀和大风速地区，A 类及以上风速区应采用非预应力整体杆，保证水泥杆的抗风抗弯能力。

（3）差异化设计执行不彻底，杆塔回路数超限设计。部分线路设计为四回路，依据相关差异化设计规定，该区域处于 A 和 D1 风速区交界处，架空线路不应超双回路设计，由于杆头荷载过大，在台风灾害中易造成断杆。

（4）设计图审不严格，存在违反规划设计导则和典设的问题。现场核查的设计施工图中存在以下问题：① 设计说明中的爬电比距、雷暴日数与实际不符；② 土质存在一定比例的流砂，杆塔设计中却没有相应的基础加固措施；③ 施工图中对窄基塔未标明转角度数，给后期施工质量埋下隐患。

三、施工环节

（1）杆塔基础施工质量不到位、隐蔽工程验收不严格。存在部分水泥杆基础未按设计要求的底盘、卡盘或套筒、台阶式等基础进行安装建设，仅做直埋填土，尤其在软基土质上的电杆受此次台风影响出现大量倒杆；此外存在窄基塔基础未按图施工造成倾覆，杆塔位于水田边，软基地质设计基础为台阶式基础，施工时则以水泥浇筑圆筒基础代替且浇筑深度较浅，导致整体抗倾覆能力不足而在台风期间发生倾倒，以上反映出杆塔基础建设不按设计要求、隐蔽工程签证流于形式、工程验收不严格等问题。

（2）大风速区线路拉线安装量不满足抗风要求。部分架空线路普遍存在拉

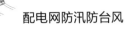

线安装量少的问题，台风期间出现的串倒水泥杆大多没有安装拉线，检查部分线路设计图纸中有拉线要求，实际由于清赔谈不下来等原因造成施工受阻未打拉线。

（3）导线绑扎工艺不佳。导线在台风侵袭期间，受风力影响摇摆剧烈，导致部分导线脱落，主要由于采用铝芯扎丝强度不足，同时现场导线绑扎工艺不到位导致绑扎处机械强度不足，在较大风力影响下致使导线脱落引起线路跳闸停电。

四、运维环节

（1）线路通道防风隐患消缺不彻底。在台风期间发生异物或树木倾倒导致倒杆断线的灾损较多，现场调研发现部分线路存在路径、杆身上搭接广告牌、三线搭挂和树障等隐患点较多，未及时清障消除。还有部分拉线松动或断裂未消缺造成倒断杆。

（2）灾前拉线、基础补强等应急措施实施力度不足。整体上灾前线路应急加固措施实施数量较少，对台风灾害难以起到防抗作用。

五、抢修环节

（1）快速抢修复电中杆塔基础质量难保证。台风登陆较突然，造成的灾损也超出预期，现场抢修队伍工作饱和，存在一定的人员紧张和机械化设备有限问题，且复电时效性要求高，在重新立杆中往往采用人工挖洞直埋的方式，没有预设卡盘、底盘等基础建设工作，在风雨作用下容易再次发生杆塔倾覆。

（2）抢修工程的质量存在工程缺陷和安全隐患。配电网抢修复电的时效性要求高，抢修工程基本上是按照原有设计标准和原有走廊路径的快速线路恢复，导致工程遗留质量隐患较多。实际中抢修后的工程大多未严格进行消缺处理和防灾补强等改造工作，导致抢修工程大多属于重复性灾损点。现场调研发现存在抢修后的窄基塔地脚螺栓未锁，以及窄基塔基础未做水泥保护帽、杆塔基础未夯实等施工缺陷，以及抢修后裸露的导线连接处弧垂过低，存在极大的安全隐患等问题。

第三章

规 划 设 计

目前配电网要求建成运行稳定、运营高效、适应性强、抗灾害能力强的综合性新型配电网。科学的配电网规划将进一步提高供电能力和供电质量并能有效降低配电网的建设运营成本。但配电网建设环境越来越复杂，面临的台风、洪涝灾害风险也越来越严重，作为公共基础性电力设施的配电网更应做好防台防汛建设规划，提前做好应对举措，以提高配电网抗台、抗洪涝风险能力。

配电网的防台防汛规划是配电网建设规划的重要组成，主要涉及配电网防台防汛总体设计。配电网的防台防汛规划直接影响到配电网的安全运营和可靠性，又因台风和汛情的不规律性和突发性，防台防汛规划难以做到安全与经济兼顾。因此，配电网防台防汛规划是需统筹考虑城市规划、地理资源环境、建设运营成本、环保效益等诸多因素的综合性课题，对保障电力系统的安全、可靠、经济运行起到重要作用，对配电网建设的科学性和合理性具有重要意义。

第一节 灾 害 区 划 设 计

一、灾害区划

（一）自然灾害风险区划原理

自然灾害风险区划实际上是致灾危险性区划，即致灾临界条件的概率或超越某一概率的致灾临界条件最大等级的地理分布，并阐述不同超越概率（或不同重现期）下自然灾害的风险。

配电网自然灾害风险区划可以为配电网规划、工程布局、灾害防御措施提供依据。哪些地区是自然灾害高风险区，不适合建设配电网工程，如确有必要建设，应当建什么标准的配电网工程以对抗灾害。

（1）自然灾害风险区划应当包含如下内容：

1）确定致灾临界条件。

2）确定致灾临界条件的概率或超越某一概率的自然灾害最大等级的空间分布。孕灾环境和防灾工程发生明显变化时，需要重新编制风险区划。

3）评估在自然灾害不同超越概率下各类承灾体的风险。

4）提出防御自然灾害风险的有效措施。对于每一种自然灾害风险区划，都应当指出哪些地区是自然灾害高风险区，不适合建工程；如果确有必要建或者承灾体已经存在，应当建什么标准的防御工程以防御灾害风险的发生；在风险区划中，还应当设计避难所和转移路线；根据医院和物资的地点，设计伤员和物资的输送通道等。

（2）自然灾害风险区划方法。如果有合格的致灾临界条件的历史序列数据，可以选择合适的概率分布函数计算致灾临界条件的概率。如果有部分合格的致灾临界条件的历史数据，可采用信息扩散的方法计算概率。如果有部分区域缺乏历史资料时，可使用相关分析法来推算概率。另外，还可以采用物理/生物模型法、邻域类比法、经验估计等方法做自然灾害风险区划。

1）具备致灾临界条件历史序列资料的风险区划。如果致灾临界条件的历史资料比较齐全（包括空间和时间分布），且样本数超过 30 个，则很容易选用适当的概率密度分布函数求得各地致灾临界条件的出现概率，从而得到自然灾害风险区划。求致灾临界条件概率的方法很多，下面做简单的介绍。

a. 频率统计法。频率统计法在灾害风险评估和区划中使用比较广泛。此方法以数理统计学中的大数定律和中心极限定理为理论基础，认为在样本足够大时，可以用灾害事件发生的频率作为灾害危险性的无偏估计。

b. 几种常见的概率分布函数。如果能求得样本的概率分布函数，则很容易求得重现期。常见的概率分布函数有如下几种：正态分布、二项式分布、泊松分布、柯西概率分布函数、皮尔逊Ⅲ型曲线和 Fisher/Gumbel 分布。

c. 概率分布密度函数检验。为了求得自然灾害风险样本的概率分布符合哪一种密度函数，首先需要对样本序列进行分布型判别，采用偏度—峰度检验法，通过检验且样本数大于 30，便可以用这种概率分布密度函数求任何强度的致灾因子重现期，反之，可由重现期求致灾因子强度的量值。

2）致灾临界条件历史序列资料不足的风险区划。在我国境内，一般一个县市仅有一个气象站具有 30 年以上的历史资料，气象站的历史资料对于与其气候、地质、地理、生态等条件相同的地区具有代表性，对于其他地区则不具有代表性，尤其是对气象灾害而言更是如此。精细的空间格点的风险区划碰到的最大困难是缺乏每个格点致灾临界条件的历史资料。为解决上述问题，历史资料不足时可采用基于信息扩散的风险区划方法；对于没有气象资料的格点，可以采用灾情推演法、相关分析法和数值模拟法等。对于电力气象灾害风险区划，采用较多的通常是相关分析法。

a. 信息扩散方法。如果样本数不足 30，为弥补信息不足所出现的问题，可利用样本模糊信息对灾害样本进行集值化的模糊数学处理。信息扩散方法最原始的形式是信息分配方法，最简单的信息扩散函数是正态扩散函数。信息扩散方法可以将一个分明值的样本点变成一个模糊集，或者说，把单值样本点变成集值样本点。计算模糊集各样本点落在灾害观测值处的频率值，便可计算出所要求的某一种灾害超越概率风险估计值。

b. 相关分析法。气象要素相关分析法：县以下区域的致灾临界气象条件历史样本很少，不可能用于计算概率。如果该致灾临界气象条件与县市气象站观测的气象要素相关性好，就可以用县市气象站与致灾气象条件相关好的气象要素概率推算各地致灾临界气象条件的概率。由于气象站的气象要素观测资料时间长，容易求出相关的气象要素的概率或超越概率。

气象要素经纬度、海拔高度相关内插法：如果某区域（例如省）某气象要素（例如气温）与海拔高度、纬度、经度有较好的相关关系，便可以利用气象台站该气象要素的历史资料，建立该气象要素与海拔高度、纬度、经度的函数关系（例如回归方程），再利用该函数关系内插得到经纬度网格点的该气象要素值。

致灾因子与孕灾环境因子相关分析法：如果有批量灾害调查资料（符合数理统计要求的样本数），这些灾害调查资料中致灾因子与孕灾环境因子又有较好的相关关系（通过统计检验），便可以构建致灾因子与孕灾环境因子的函数关系。然后，利用气象站长序列的气象资料求致灾临界气象条件出现的概率。

最后，利用致灾因子与孕灾环境因子的函数关系订正致灾临界条件各经纬度网格上的值，从而得到风险区划。

（二）配电网风害风险区划

架空配电线路风害风险区划思路：首先收集整理气象、地理和电力资料，将风速资料订正为自记 10min 平均最大风速并进行均一性检验，将统计整理后的数据根据极值Ⅰ型分布计算不同重现期的风速，从而得到 10min 平均最大风速的风害风险区划图。

下面以国家电网公司风区分布图为例说明：

（1）资料收集整理。基础资料包括气象资料、地形资料和电力部门的风速设计资料等。

气象资料包括各地气象台站或政区中心的具体位置详表、地面气象观测数据、天气现象记录、风速或其他相关影响因子。气候统计资料如强风日数、平均风速、极值风速等。

地形资料包括气象台站的地理坐标、海拔高程；典型的微地形、微气象区域，如垭口、高山分水岭、风道等。

电力部门的风速设计资料包括本地区在运行线路设计时的风速或风速取值及依据。本地区历年配电线路风速情况，包括调查点的经纬度、海拔高程、极值风速等。选取的年最大风速数据一般应有 25 年以上的资料；当无法满足时，至少也应有不少于 10 年的风速资料。

（2）基本风速统计和订正方法。在确定风速时，观察场地应具有代表性。场地的代表性是指下述内容：观测场地周围的地形空旷平坦；能反映本地区较大范围内的气象特点，避免局部地形和环境的影响。

1）风速观测数据应符合下述要求：应全部取自自记式风速仪的记录资料，对以往非自记式的定时观测资料，均应通过适当修正后加以采用。风速仪高度与标准高度 10m 相差过大时，可按下式换算到标准高度的风速

$$v = v_z \left(\frac{10}{z}\right)^{\alpha} \qquad (3-1)$$

式中：z 为风速仪实际高度，m；v_z 为风速仪观测风速，m/s；α 为空旷平坦地区粗糙度指数，取 0.16。

确定基本风速时，应取当地气象台、站 10min 时平均的年最大风速作为样本，并采用极值 I 型分布作为概率模型，极值 I 型概率分布函数为

$$F(x) = \exp\{-\exp s[-\alpha(x-u)]\} \tag{3-2}$$

式中：u 为分布的位置函数，即其分布的众值；α 为分布的尺度函数。

当观测期 $n \rightarrow \infty$ 时，分布参数与均值 μ 和标准差 σ 的关系按照下述确定

$$\alpha = \frac{\pi}{\sqrt{6}\sigma} = \frac{1.288\,5}{\sigma} \tag{3-3}$$

$$u = \mu - \frac{0.577\,2}{\alpha} \tag{3-4}$$

当有限样本均值 $\bar{x}$ 和统计样本均方差 s 作为 μ 和 σ 的近似估计时，取值如下

$$\alpha = \frac{C_1}{s} \tag{3-5}$$

$$u = \bar{x} - \frac{C_2}{\alpha} \tag{3-6}$$

观测期为 n 年，变量 z_i 可以按照下式计算

$$z_i = -\ln\left(-\ln\frac{i}{n+1}\right), \quad 1 \leqslant i \leqslant n \tag{3-7}$$

$$C_2 = \bar{z} = \frac{1}{n}\sum_{i=1}^{n} z_i \tag{3-8}$$

$$C_1 = \sigma_z = \sqrt{\frac{1}{n}\sum_{i=1}^{n} z_i^2 - \bar{z}^2} \tag{3-9}$$

如果需要考虑实际观测数量，表 3-1 给出了 n 个观测值时参数 C_1 和 C_2 的值。

表 3-1　　　　　　　极值 I 型分布的 C_1 和 C_2 值

n	C_1	C_2
10	0.949 63	0.495 21
15	1.020 57	0.512 84
20	1.062 82	0.523 55
25	1.091 45	0.530 86
30	1.112 37	0.536 22
35	1.128 47	0.540 34

续表

n	C_1	C_2
40	1.141 31	0.543 62
45	1.151 84	0.546 30
50	1.160 66	0.548 54
∞	1.282 55	0.577 22

平均重现期为 T 的最大风速 x_R 可按下式确定

$$x_R = u - \frac{1}{\alpha} \ln\left[\ln\left(\frac{T}{T-1} \right) \right] \qquad (3-10)$$

$$x_R / \overline{x} = 1 - \frac{v_x}{C_1} \{ C_2 + \ln[-\ln(1 - 1/T)] \} \qquad (3-11)$$

确定基本风速时，其对应的基本风速取值主要与《110kV～750kV 架空输电线路设计规范》（GB 50545—2010）附录 A 中各个典型气象区所规定的风速相对应。

2）风速序列建立方法。

a. 时序换算方法。气象站风速资料为定时 2min 平均最大风速，应进行观测次数和风速时距换算，统一订正为自记 10min 平均最大风速。可按下式进行订正

$$v_{10min} = a v_{2min} + b \qquad (3-12)$$

式中：v_{10min} 为自记 10min 平均最大风速，m/s；v_{2min} 为自记 2min 平均最大风速，m/s；a、b 为时距换算系数，采用当地分析成果或应用实测资料计算确定。

b. 风速序列的均一性检验方法。近 40 年来随着经济的发展，城市规模不断扩大，尤其是 20 世纪 90 年代以来，许多气象台站原本位于比较空旷的地区，现已被周边的建筑所包围，风速的观测受到一定影响，有些台站因此进行了搬迁，对风速的均匀性有一定影响。此外，随着气象观测仪器的更新，近 40 年来经历了几代仪器的变更，也会对资料的均一性造成影响。为了保证资料的连续性，需要对气象站长年代风速资料进行均一性检验，具体方法如下：根据测站周围环境变化和迁站等情况审查原始序列曲线，若出现明显不连续的年份，称该年为间断年，将该年之前（不包括该年）的风速序列称为子序列 1，其后

的序列称为子序列 2。设子序列 1 为 x_1，x_2，$\cdots$，x_{n1}，子序列 2 为 y_1，y_2，$\cdots$，y_{n2}，全部数据的平均记为 $\overline{G_x}$，n_1 个数据和 n_2 个数据的平均值分别为 $\overline{x}$ 和 $\overline{y}$，可得

$$\overline{G_x} = \frac{1}{n_1 + n_2}\left(\sum_{i=1}^{n_1} x_i + \sum_{i=1}^{n_2} y_i\right) = \frac{n_1\overline{x} + n_2\overline{y}}{n_1 + n_2} \qquad (3-13)$$

全部数据对 $\overline{G_x}$ 的偏差平方和为

$$S^2 = \sum_{i=1}^{n_1}(x_i - \overline{G_x})^2 + \sum_{j=1}^{n_2}(y_j - \overline{G_x})^2 = \left[\sum_{i=1}^{n_1}(x_i - \overline{x})^2 + \sum_{j=1}^{n_2}(y_j - \overline{y})^2\right] + \frac{n_1 n_2}{n_1 + n_2}(\overline{x} - \overline{y})^2$$

$$(3-14)$$

式（3-14）中右端括号内两个平方和反映了各组数据内部本身的差异程度，称为组内偏差平方和；右端第二项则反映了两组数据之间的差异程度，称为组间偏差平方和。要判断组间差异是否显著，就要考虑这两项的比值，可用如下的 F 检验方法来进行显著性检验

$$F = \frac{\dfrac{n_1 n_2}{n_1 + n_2}(\overline{x} - \overline{y})^2}{\displaystyle\sum_{i=1}^{n_1}(x_i - \overline{x})^2 + \sum_{j=1}^{n_2}(y_j - \overline{y})^2}(n_1 + n_2 - 2) \qquad (3-15)$$

取显著性水平 0.05，F 值的检验标准为：当 $n \geq 50$（$n=n_1+n_2$）时，F 值大于 4；$10 \leq n < 50$ 时 F 值大于 5 可认为有显著差异。

订正的序列还必须进行订正适当性检验，对于比值订正法，其订正适当性标准为

$$R_{xy} > \frac{1}{2} - \frac{1}{2n} \qquad (3-16)$$

（3）配电线路风害风险区划绘制。首先对本地区气象台、站资料开展研究，分析站点地理分布和资料年限，对于定时 2min 平均最大风速需要进行观测次数和风速时距换算，统一订正为自记 10min 平均最大风速。气象站点搬迁或者仪器变更会对资料的均一性造成影响，需要对气象站长年代风速资料进行均一性检验。将订正和检验后的风速数据进行统计整理，根据极值 I 型分布计算不同重现期的风速，按 23.5、25、27、29、31、33、35、37、39、41、43、45、50、＞50m/s 分为 14 个等级进行绘制，基本风速小于 23.5m/s 时统一按照 23.5m/s

绘制。由于风的局地性非常强，在实际应用时，线路沿线不同的地形可根据相关规范给予相应订正。

对于曾发生下击暴流风输电线路灾害的地区，应根据灾害现场调研情况和附近台站气象记录，在风区分布图底图上进行标注说明，标识为"Ⴒ"。对于发生强风倒塔的区域，应采用"〈"加"倒塔数量"标识并在底图上进行标注；对于发生强风致风偏故障的区域，应采用"▽"加"跳闸次数"标识并在底图上进行标注。

（三）配电网洪涝灾害风险区划

洪涝包括本地区的江河洪水和平原内涝两部分。在江河洪水区划中实际上需要研究的是超出堤坝高度的洪水的出现概率及不同概率下，洪水淹没范围和水深及可能产生的风险。当河流上建有调蓄功能的水利设施时，还需要按照防洪调度方案，考虑水利设施的排水量。对于平原内涝，需要研究的是警戒水位的出现概率、不同概率下平原淹没范围和水深及可能产生的配电网倒杆和淹没风险，有排涝设施的地方还需要按照防内涝方案加入单位时间的排水量。二者风险区划的思路和方法是相同的，只是江河洪水和内涝洪水水位不同而已。下面以配电网江河洪水灾害风险区划为例，阐述配电网洪涝灾害风险区划的步骤。

第一，研究配电网附近河流历年最大洪水的流域致洪面雨量——洪水过程面雨量（可以从某一基础水位起算），形成致洪过程面雨量序列。

第二，利用水文站每年最大洪水位和对应的致洪过程面雨量资料，建立致洪过程面雨量与洪水水位的函数关系，确定漫堤（坝）的流域过程面雨量 AR_0。

第三，当历年最大洪水过程的流域面雨量系列资料超过 30 年时，对致洪过程面雨量时间序列进行概率密度函数检验，选择最适宜的概率密度函数计算到达堤防高度及以上洪水重现期 T 的致洪过程面雨量 AR_T。

第四，对于到达坝/堤高度水位及以上洪水的重现期的洪水，实际用于淹没的体积降雨量应当为

$$VR=(AR_T-AR_0)\times流域的面积 \qquad （3-17）$$

用淹没模型中的漫坝模型模拟洪水的淹没范围和水深时，只要 DEM 数据

中包含了河流堤防（坝）的高度，得到的结果就是所需要的结果。

当河流上建有调蓄功能的水利设施（水库和其他防洪设施），还需要按照防洪调度方案，上式右端减去过程排水量换算成的面雨量。

第五，在 GIS 数据和配电网设备数据库的支持下，评估淹没范围内各类配电网设备的数量——物理暴露，给出不同重现期各种被洪水淹没的配电网设备图表及文字说明，并根据配电设备的脆弱性曲线，评估配电设备的可能损失。

当配电设备的物理暴露和脆弱性发生重大变化时，应当重新评估洪涝的风险。当堤防高度发生重大变化时，应当重新研究配电网洪涝灾害风险区划。

应当注意，当河流上新修了防洪工程时，防洪工程兴建前后的流域致洪面雨量发生了突变，不符合平稳马尔科夫随机过程，必须使用防洪工程修建后流域致洪面雨量时间序列资料确定洪水发生概率或重现期。

（四）配电网地质灾害风险区划

（1）数据来源及标准化。

1）中国数字高程模型基础数据（DEM）。DEM 基础数据使用分辨率精度为 90m 的航天飞机雷达地形测绘（Shuttle Radar Topography Mission，SRTM）数据。

2）中国岩土类型划分数据。使用殷坤龙著《滑坡灾害风险分析》中采用的中国岩土类型划分数据。

3）中国年均降雨量基础数据。由气象部门提供的 2007～2020 年间统计得出的年均降雨量，分辨率为西安 80 地理坐标下的 5°×5°。

4）中国地震烈度区划基础数据。使用《中国地震动参数区划图》（GB 18306—2015）。

5）全国电网综合数据。电网因素综合考虑全国各省份面积、分省份输电线路长度及其电压等级。其中，分省份输电线路长度及其电压等级使用《2020 中国电力年鉴》统计的数据。

在对数据进行相关分析和制图前，先对原始数据进行预处理，包括格式转换、地图配准、栅格数据矢量化、定义地理坐标、投影转换以及数据拼接等。

（2）电网地质灾害危险性分区及权重的确定。为建立本地区的电网地质灾害危险性分布图，将本地区电网地质灾害分区，并分别确定各评价指标的权重。

电网地质灾害危险性评价因素分为地质灾害易发程度和电网相对重要性两大类。地质灾害易发性影响因素分为环境因素和触发因素两类，每类又分成若干因素，每个因素被进一步细化成不同的状态；电网相对重要性的影响因素分为线路长度和电压等级，每个因素也被细化成不同的状态，一共分四个层次，如图3-1所示。

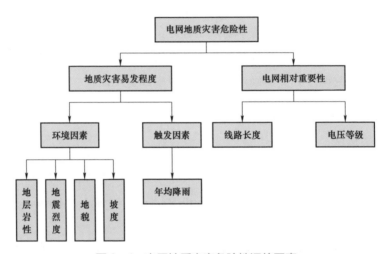

图 3-1　电网地质灾害危险性评价因素

各层指标重要性的比较采用专家打分法，对专家所打分值进行分析综合，计算打分平均值，且通过计算重要性方差，评价专家打分的离散程度，以专家所打分值的平均值为基础经过一定调整，构造指标重要性判断矩阵。

（3）配电网地质灾害风区区划图绘制。

1）评价单元划分。对绘制地区进行基本地貌形态分类。选用 Albers 投影坐标下的 $21km^2$ 方格作为起伏度的统计单元，分析绘制本地区基本地貌图。坡度图采用 Albers 投影坐标下的 $0.01km^2$ 作为评价单元。综合考虑基础数据的特点和精度，并在满足研究精度和计算机运行速度的前提下，本地区地震烈度区划图和年均降雨量图建议采用西安 80 地理坐标下的 $0.02° \times 0.02°$ 方格进行网格化。

2）地质灾害易发程度分布图。基于五大分指标图，详细参考本地区地质灾害（滑坡、泥石流）历史灾害密度数据，结合电网地质灾害危险性评价分区图，运用层次分析法得到分指标权重，综合绘制本地区地质灾害（滑坡、泥石流）易发程度分布图。

3）配电网地质灾害危险性分布图。基于地质灾害（滑坡、泥石流）易发程度分布图，结合本地区配电网综合指标图，绘制本地区电网地质灾害（滑坡、泥石流）危险性分布图。

二、台风分区

随着我国"十三五"电网的建设，在工程建设全过程中研究了大量的台风相关专题，积累了丰富的防台风技术措施，各级电网都编制出相应的风区图供设计使用，以便提高抗台的设计能力。本节主要参考相关风区文件梳理出主要成果供参考。

（一）基本风速

按当地空旷平坦地面上 10m 高度处 10min 时距，平均的年最大风速观测数据，经概率统计得出 30 年一遇最大值后确定的风速。

（二）风速分级标准

参考国家电网公司相关风区文件，结合配电网设计要求，综合考虑内陆和沿海区域的大风特点，设计基本风速按 23.5、25、27、29、31、33、35、37、39、41、43、45、50、>50m/s 分为 14 个等级，基本风速小于 23.5m/s 时统一按照 23.5m/s 考虑。

（三）使用原则

（1）风区分布图应定期进行更新，更新周期不超过 3 年。

（2）应及时跟踪相关国家规范，如出现风区分布图调整时，相关区域的电网风区分布图亦应做相应调整。

（3）根据配电网工程可研和设计收资情况，相关区域风区分布图应适时进行调整。

（四）配电网风区划分及分区图示例

根据"十三五"配电网的建设情况，结合配电网工程特点和实际工程设计需求，推荐典型的配电网风区划分为 A、B、C、D1、D2 五个风速区，对应最大风速分别为 35、25、30、40、45m/s。具体风速划分见表 3-2。

表 3-2　　　　　　　　风速区风速划分表

风速区（m/s）	
A	>30 至 ≤35
B	≤25
C	>25 至 ≤30
D1	>35 至 ≤40
D2	>40 至 ≤45

三、洪涝分区

山区是暴雨、洪涝和地质灾害的多发区，灾害引发的配电网架空线路、配电站房等的灾损易造成较大面积和长时间停电。因此，从配电网规划设计源头抓起，提高配电网防范洪涝、地质灾害的能力具有重要意义和价值。为进一步落实全寿命周期管理理念，采取安全可靠、经济适用的措施提高配电网防灾能力，根据相关国家、行业和企业的技术标准，各网省也总结出了洪涝分区。本节主要参考相关洪涝文件梳理出主要成果。

（一）洪涝分区图

中国典型洪涝分区为：最少洪涝区、少洪涝区、次多洪涝区、多洪涝区。

（二）配电网洪涝分区

根据"十三五"配电网的建设情况，结合配电网的特点，推荐典型的配电网洪涝分区分别为：洪水区、雨涝区、地质灾害区。

（三）配电网洪涝分类

根据"十三五"配电网的建设情况，结合配电网的特点，推荐典型的配电网洪涝分类分别为：配电站房防洪涝、架空线路防地质灾害、架空线路防洪水冲刷。

第二节　防洪涝规划设计

一、规划总体要求

配电网的防汛规划应符合《防洪标准》（GB 50201—2014）、《10kV 及以下电力用户业扩工程技术规范》（DB35/T 1036—2019）中配电网总体规划要求。

（一）配电站房选址总体要求

（1）防涝用地高程选取应符合下列规定：

1）在城市防洪堤内时，防涝用地高程取城市内涝防治水位。

2）在城市防洪堤外时，防涝用地高程取当地内涝防治水位和当地历史最高洪水位的大者。

（2）属于内涝高风险地带的供配电设施，设备基础应考虑抬高措施，原则上要求设备基础面高于防涝用地高程，同时采取可靠排水措施防止积水淹没供配电设施。

（3）地下室出入口、通风口、排水管道、电缆管沟、室内电梯井、楼梯间等，应增设防止涝水倒灌的设施。地下室出入口应设置闭合挡水槛或防水闸；地下室配电站房的门应设置挡水门槛，地下室出入口截水沟不应与地下室排水系统连通，应设置独立排水系统。

（4）配电站房的电缆沟、电缆夹层和电缆室应采取防水、排水措施。地面一层及以上公共配电站房应设置水浸装置，地下一层配电站应设置集水坑，宜配置一用一备的潜水泵。

（5）配电站房宜采用自然通风，宜设置事故排风装置。位于地下一层配电站房、自然通风不满足要求的专用配电站房及公共配电站房，应装设通风系统和空调装置。装有 SF_6 气体绝缘的配电装置的房间，排风系统应考虑有底部排风口。

（6）位于地下一层及以下的易涝配电站房所属的建筑物，其地下室出入口、通风口、排水管道、电缆管沟、室内电梯井、楼梯间等，应增设防止雨水倒灌的设施。地下室出入口应设置闭合挡水槛或防水闸；地下室出入口截水沟不应与地下室排水系统连通，应设置独立排水系统。易涝配电站房的门应设置挡水槛，电缆沟、电缆夹层和电缆室应采取防水和排水措施；站房内部宜设置集水坑，宜配置一主一辅的潜水泵，排水控制宜按智能控制系统设计，具备自动强制排水、异常报警功能。

（二）配电架空线路路径规划要求

（1）架空电力线路应避开洼地、冲刷地带、不良地质地区、原始森林区及影响线路安全运行的其他地区。

（2）位于洪涝地质灾害地带的 10kV 架空线路，杆塔应采用自立式杆塔（无拉线杆塔），应采用 N 级及以上非预应力钢筋混凝土杆或复合材料电杆，且应根据地质情况配置基础；转角、耐张和 T 接处等关键节点位置，宜采用钢管杆（铁塔）。河道冲沟地区、河道拐弯处、滑坡等易发生灾害的地带，宜采用浆砌挡土墙等形式加强杆塔基础；杆塔和线路应与危险体（树木）边缘保持足够距离；易成为河道的河漫滩，杆塔采用围墩，电杆埋深应在水位冲刷线以下；受现场条件限制无法保证安全距离时，应采用跨越或电缆敷设的方式。

二、灾害点辨识

洪涝地质灾害区域（位置）是指从灾害发生的孕灾环境（地形、地质特点）和水文情况等方面综合分析，存在发生洪涝地质灾害风险的地带。

本节在以往的地质灾害科普基础上，采用大量插图及典型照片介绍洪涝地质灾害地形、辨识说明、灾害特点，使广大读者掌握必要的识灾、避灾、防灾知识，提高防灾减灾意识，防患于未然。

梳理近 50 年发生过洪涝地质灾害的典型洪涝地质灾害区域辨识，见表 3-3。

表 3-3　　　　　　　　　洪涝地质灾害区域（位置）辨识

灾害地形		辨识说明	灾损特点	典型图例
城市内涝		在暴雨洪涝期间，易受涝的洼地通常发生积水或洪水倒灌，引起该位置的配电站房受淹损坏，多发生于城区的住宅小区的配电室和道路侧环网柜和箱式变电站	站房受淹	
地质灾害	滑坡	斜坡或边坡表面岩土体沿着某一破坏面向前发生位移的地质地貌现象及其动力学过程，通常是由河流冲刷切割、地震、斜坡岩土变形等地质作用诱发	杆塔倾斜、倾覆	
	泥石流	泥石流是山区沟谷中，由暴雨、冰雪融水等水源激发的，含有大量的泥沙、石块的特殊洪流。其特征是往往突然暴发，浑浊的流体沿着陡峻的山沟前推后拥，在很短时间内将大量泥沙、石块冲出沟外，在宽阔的堆积区漫流堆积，常常给人类生命财产造成重大危害	配电设施被冲毁	
洪水冲刷	河道（溪流）岸边等易冲刷坍塌的地带	山区河流一般为间歇性河流，河道不规则，平时水流小、流速慢，其河道两边被侵占较多。洪水泛滥期间，河道变宽，洪水对两侧岸边冲刷，造成位于该位置的杆塔、拉线基础塌方、下陷，杆塔倾斜、倾覆	杆塔、拉线基础塌方、下陷，杆塔倾斜、倾覆	位于岸边的水泥杆被冲倒在河水中

灾害地形		辨识说明	灾损特点	典型图例
洪水冲刷	易成为河道的河漫滩	河漫滩为间歇性河流冲击形成,枯水期外露在地面,在洪水期间河漫滩成为河道,因河床表土下为卵石层,洪水冲走表土、浸泡地基,夹杂石块、树木冲击电杆,拔起拉线,电杆倾覆,容易引起串倒	因河床表土下为卵石层,洪水冲走表土、浸泡地基,夹杂石块、树木冲击电杆,拔起拉线,电杆倾覆,容易引起串倒	位于河漫滩的水泥杆被冲毁
	河道拐弯处(凹岸)	河道拐弯处凹岸侧,由于流经弯道,水流呈螺旋流动状态,河道外侧的水流比内侧的流速和冲刷力大,处于这一位置的杆位容易引起杆塔基础淘空,严重时会被冲毁	水流暴涨、冲刷造成杆塔、拉线基础塌方,拉线上拔、杆塔倾覆	变台位于河道转弯处的外侧,此次被冲毁
	河道冲沟地区	河流在枯水期水流沿原有河道流向,洪水期间洪水夹带树木、上游塌方的松散土体、岩石,会对河道冲沟地区形成冲击,并在冲沟地区形成堆积,同时冲毁在该位置的配电线路	洪水夹带树木、上游塌方的松散土体、岩石,对河道冲沟地区形成冲击,并在冲沟地区形成堆积,造成杆塔发生倾覆	冲沟地带杆塔发生倒断杆
	河道护坡上	山区河道护坡通常是在河道上的桥头砌体,防止河水对岸边的冲刷,河道洪水泛滥时,洪水受桥梁的阻挡,对桥两侧护坡冲击力较大,容易引起两侧护坡淘空、塌陷,位于护坡上的电杆容易发生基础淘空引起的倒杆	洪水容易引起两侧护坡淘空、塌陷,位于护坡上的电杆容易发生基础淘空引起的倒杆	河道桥头护坡上电杆基础被淘空

续表

灾害地形		辨识说明	灾损特点	典型图例
洪水冲刷	两山脊间汇水面	两山脊间汇水面，这些地段一般坡度较陡，大面积雨水汇集，对地表土产生冲击、冲刷作用。另外大量入渗雨水造成土体饱和度升高，孔隙水压力增大，土体抗剪强度下降，同时渗流形成的动水压力和流土也加剧边坡稳定安全系数的降低。位于这些地段的杆塔，地表土体会受冲刷而导致埋深不足，或是塌方导致倒杆、斜杆	地表土体受冲刷而导致埋深不足，或是树木倾倒（滑坡体塌方）导致压线、倒杆和断杆	滑坡导致树木倾倒压线扯杆
	山区道路陡坡侧	山区道路靠山的陡坡坡度一般大于60°，配电线路一般沿陡坡坡脚架设。持续暴雨引起山体水分饱和度升高，陡坡上的树木由于根基松软，会发生倾倒或山体滑坡，导致邻近的导线被压，进而拉扯相邻的电杆发生倒断杆	陡坡不稳定层滑坡、塌方，引起杆塔、拉线基础塌方、滑坡和下陷，杆塔倾斜、倾覆	陡坡坡脚树木倾倒压线扯断电杆

三、设防标准确定

防洪标准是指防洪保护对象或工程本身要求达到的防御洪水的标准。通常按某一重现期的设计洪水位防洪标准，或以某一实际洪水（或将其适当放大）作为防洪标准。一般当实际发生的洪水不大于防洪标准时，通过防洪工程的正确运用，能保证工程本身或保护对象的防洪安全。

目前，我国已颁布实施的《防洪标准》（GB 50201—2014）7.3.2条规定，35kV及以上的高压、超高压和特高压变电设施，应根据电压分为三个防护等级，其防护等级和防洪标准按表3-4确定。

表 3-4 高压和超高压变电设施的防护等级和防洪标准

防护等级	电压（kV）	防洪标准［重现期（年）］
Ⅰ	≥500	≥100
Ⅱ	<500，≥220	100
Ⅲ	<220，≥35	50

目前现行的国家标准仅根据电压等级确定其防汛等级，没有综合考虑部分电压等级较低的枢纽作用以及所供负荷的重要性，但这类配电网一旦发生水淹停电事故，将直接危及人民生命、财产安全；电力行业标准也没有明确的规定，而现实中又不允许配电网因洪水问题而影响其安全运行。

综合配电网发展建设的经验，防洪涝设防标准建议如下：

（1）重要配电网可参照《防洪标准》（GB 50201—2014）标准中防护等级Ⅲ执行。

（2）参照《66kV 及以下架空电力线路设计规范》（GB 50061—2010）中第4.0.1 条规定：架空电力线路设计的气温应根据当地 15～30 年气象记录中的统计值确定。设计可参考 30 年限标准，收集该项目所在地的最高洪水位进行防洪涝设计。

（3）地方网省可根据自身特点，开展防洪涝专题研究，制订针对性的差异化防洪涝要求，以便提高防洪涝的标准。

四、防灾设计要点

（一）配电站房防洪涝设计要点

1. 原则

（1）按照全寿命周期费用最小的原则，区分配电网设施的重要程度，结合配电装置所处的地形地貌和典型灾损，依照"避开灾害、防御灾害、限制灾损"的次序，采取防灾差异化规划设计措施，加强防灾设计方案的技术经济比较，提高配电网防灾的安全可靠性和经济适用性。

（2）存在洪涝风险的配电站房不宜采用 SF_6 及较空气密度高的气体开关设备。

（3）存在洪涝风险且独立于建筑的配电站房应选用油浸式变压器，且应抬高基础。

（4）存在洪涝风险的配电站房应配置防水挡板和阻水沙袋，电缆进出口和预留口等应做好防水封堵，站房的通风口不宜设置在站房底部。

2. 设防标准

站址标高应高于防涝用地高程，取 50 年一遇洪涝水位，无法获取时取历史最高洪涝水位。

3. 生命线用户和重要电力用户站房位置

省市机关、防灾救灾、电力调度、交通指挥、电信枢纽、广播、电视、气象、金融、计算机信息、医疗等生命线用户和重要电力用户其配电站房应设置在地面一层及一层以上，且必须高于防涝用地高程。

4. 公共网络干线节点设备

（1）开关站、配电室、环网箱（室）等 10kV 公共网络干线节点设备应设置在地面一层及一层以上便于线路进出的地方，必须高于防涝用地高程。

（2）易涝地区，不宜采用箱式变电站，宜采用电缆进出的柱上变压器；受条件限制，当采用箱式变电站时，应选用美式油浸式箱式变电站，且基础应高于防涝用地高程，同时应加强低压室和高压电缆终端附件的防水性能。

5. 新建住宅小区

（1）重要供电设施。变配电站房、备用发电机用房、消控中心应设置在地面一层及一层以上，且高于当地防涝用地高程。

（2）重要负荷用电设施。电梯、供水设施、地下室常设抽水设备、应急照明、消控中心等重要负荷的配电设施，应设置在地面一层或一层以上且位于移动发电机组容易接入的位置，并设置应急用电集中接口，以保证受灾时通过发电快速恢复供电。

（3）位于地下层的防灾措施。

1）当配电站房位于地下一层时，所在平面应高于地下一层的正常标高，电缆进出口应按终期进出线规模预留并做好防水封堵，配电站房门应根据防火等级和防火分区的划分采用甲乙级防火门，门宽和门高应考虑设备运输需要，配电站房前应考虑设备二次搬运通道，配电站房位置不应设在卫生间、浴室或其他经常积水场所的正下方，且不宜和上述场所相贴邻。

2）新建住宅小区所有可能产生地下室进水的出入口、通风口及电缆沟底面标高应高于室外地面±0.00 标高，且高于防涝用地高程。

3）地下室出入口、通风口、排水管道、电缆管沟、室内电梯井、楼梯间等，应增设防止涝水倒灌的设施。地下室出入口应设置闭合挡水槛或防水闸。变配电站房的房门应设置挡水门槛。地下室出入口截水沟不应与地下室排水系统连通，应设置独立排水系统。

6. 存在内涝风险的配电站房设备选型

（1）开关站。

1）推荐选用气体绝缘金属封闭式开关柜，其整体防护等级不应低于IP3X，气箱防护等级不应低于IP67，电动操动机构及二次回路封闭装置的防护等级不应低于IP55。

2）受条件限制，采用金属铠装移开式开关柜时，其柜门关闭时防护等级不应低于IP41，柜门打开时防护等级不应低于IP2X。

（2）环网室。推荐选用共箱型气体绝缘柜，其整体防护等级不应低于IP3X，气箱防护等级不应低于IP67，电动操动机构及二次回路封闭装置的防护等级不应低于IP55。

（3）环网箱。

1）推荐选用全绝缘全密封共箱型气体绝缘柜，其柜门关闭时防护等级不应低于IP43，柜门打开时防护等级不应低于IP2X，气箱防护等级不应低于IP67，电动操动机构及二次回路封闭装置的防护等级不应低于IP55。

2）不应在环网箱箱体下侧设通风窗。

（4）配电室。推荐选用气体绝缘柜，其整体防护等级不低于IP3X，气箱防护等级不应低于IP67，电动操动机构及二次回路封闭装置的防护等级不应低于IP55。

（二）配电网架空线路防洪涝设计要点

1. 原则

（1）山区河流多为间歇性河流，流速大、冲刷力强，线路应避免从山间干河沟通过，杆塔位置不宜设置在溪河谷和山洪冲沟地带，包括：溪河谷、山洪冲沟及其岸边，河滩、河漫滩和河道护坡等典型灾害位置。

（2）应以避开灾害地带为主，在无法避开和采取避开方案不经济时，应采取结合地形地貌的差异化设防措施，在灾害可能超过设防水平时，应采取限制灾害措施，减少倒断杆和断线的范围。

（3）防涝用地高程取 50 年一遇洪涝水位，无法获取时取历史最高洪涝水位。

（4）给同一用户供电的双电源线路尽量不经过同一灾害地带。

2. 路径

（1）选线时应调查了解洪水淹没范围及冲刷情况，跨溪河段应选在河道狭窄、河床平直、河岸稳定、两岸尽可能不被洪水淹没的地段。

（2）避免在支流入口处及河道弯曲处跨越河流，应尽量避开旧河道和在洪水期容易改为主河道的地方。

（3）跨溪河和山洪冲沟的杆塔定位应选择如下地质条件：河岸地层稳定，无严重的河岸冲刷现象（如蛇曲、塌岸、凹岸等），两岸土质均匀良好，地下水埋藏较深。

（4）杆塔位置不宜设置在不良土质区，避免受洪水冲击和涝区浸泡发生倾覆和串倒，包括：软弱土质地带（如淤泥和淤泥质土）、饱和松散砂土、洼地。

（5）在灾害地带可以采用加高杆塔和大档距跨越等差异化设计措施，使线路路径和杆塔定位避开灾害地点。

3. 导线选型

（1）同一规划区的主干线导线截面不应超过 2 种，灾害频发区域可选择性选用电缆。

（2）10kV 导线最小截面建议不得小于 $50mm^2$，档距超过 80m 或截面小于 $120mm^2$ 的线路应采用带钢芯的导线。

4. 杆塔回路

架空线路原则上宜用单回路架设。

5. 排列方式

（1）架空线路单回路原则上采用三角排列，双回路原则上采用双垂直排列。

（2）沿道路内侧、陡坡坡脚的山区典型线路走廊，可以采用单回单侧双横担垂直排列、单侧双横担三角排列的杆型，避开临近线路的树木、陡坡等障碍物，跨越灾害地点。

6. 耐张段

水泥杆单杆耐张段不超过 350m。

7. 杆塔型式

（1）水泥杆应采用自立式杆塔（无拉线），优先采用整体杆，交通难以到达的地区可使用法兰组装杆。

（2）耐张杆、T 接杆、终端杆应按优先次序采用钢管杆或窄基塔。

（3）跨越河流的杆塔应采用独立耐张段。

8. 基础

水泥杆埋深应至少满足无拉线转角水泥杆的埋深要求，12m 杆为 1.9m，15m 杆为 2.5m，且电杆埋深应在水位冲刷线以下。

第三节　防台风规划设计

一、规划总体要求

配电网的防台风规划应符合《66kV 及以下架空电力线路设计规范》（GB 50061—2010）、《10kV 及以下架空配电线路设计技术规程》（DL 5220—2005）等配电网总体规划要求。

1. 配电站房选址总体要求

（1）易受台风影响地区，配电站房及户外箱式变压器、环网柜、变台等配电设施应满足当地防涝用地高程的要求，在城市防洪堤内时，配电设施防涝用地高程取城市内涝防治水位；在城市防洪堤外时，配电设施防涝用地高程取当地洪涝防治水位和当地历史最高洪水位的大者。

（2）易受台风影响地区，重要用户、标高低于当地防涝用地高程的新建住宅小区的配电站房，以及开关站、配电室、环网室（箱）等公共网络干线节点设备，应设置在地面一层及以上且移动发电机组容易接入的位置，其中重要电力用户应在地面一层设置应急电源接口。

2. 配电架空线路路径规划要求

（1）规划及走廊选择：对于微地形产生的大风，线路走廊选址不能只考虑负荷的接入，应充分考虑地形地貌情况，尽量避开风口，在线路走廊允许的条件下，尽量降低线路海拔高程，避开风口、迎风坡面等可能增加风速的地形，选择交通便利的通道、土壤地质稳定的位置。

（2）配电线路应尽量避免跨越铁路、高等级公路、民房建筑物等设施。

（3）对于线路临近顶端高出电杆 1/3 高度的广告牌、树木、彩钢板搭建的厂房等在大风时极易发生毁坏造成异物挂线的地区，临近跨越档应设为独立耐张段。

（4）水田、洼地、饱和松散砂和粉土等土质松软的土壤设立无拉线电杆时应进行稳定性校验，应采取加装底盘、增加拉线、控制档距、加大埋设深度、设置围桩或围台（现浇混凝土强度不低于 C20）等措施保证立杆的稳定性。

（5）位于设计风速超过 35m/s 大风速区的 10kV 架空线路，档距应控制在80m 以内；原则上直线水泥杆至少每 5 档应采用 1 基钢管杆或窄基塔，转角、耐张和 T 接处等关键节点位置，宜采用铁塔（钢管杆）；电杆应采用 N 级及以上大弯矩杆，且应根据地质情况配置基础；连续 3 基直线杆应设置防风拉线或采用铁塔（钢管杆）；对于海岛等大风速、污秽腐蚀严重的区域，不易采取防风拉线、窄基塔等抗台措施的区域，宜采用电缆敷设。

二、灾害点辨识

配电网是电力系统的重要组成部分，但因其自身的结构和运行特点，容易受到气象环境因素的影响而发生故障。大风的出现概率较高，其影响范围较广，危害较大，且各地区电网都可能遭受大风灾害侵袭。大风灾害是造成配电网故障的自然灾害中最为严重的一种。

微地形是指大地形的一个局部的、狭小的范围，有利于大风生成、发展和加重。在局部出现微地形的地段，气象参数将会在小范围内发生改变，会对配电线路造成严重影响。根据历史灾损统计，灾损多发区多位于在沿海空旷区域、线树矛盾区域、滩涂淤泥地和农田果园地。

本节在梳理以往台风灾害科普的基础上，采用了大量的插图及典型照片，介绍了台风灾害类型、辨识说明、示意图，使广大读者掌握必要的识灾、避灾、防灾知识，提高其防灾减灾意识，防患于未然。笔者梳理了近 50 年发生过台风灾害的典型灾害区域辨识，见表 3－5。

表 3－5　　　　　　　　　　微地形区域及灾损多发区辨识

序号	类型	辨识说明	示意图	典型图例
1	风道型	线路横跨峡谷，两岸很高很陡，通过狭管效应产生较大的风速，将导致送电线路风荷载的大幅度增加		
2	垭口型	在绵延的山脉所形成的垭口是气流集中加速之处，当线路处于垭口或横跨垭口时，将导致风速增大		
3	分水型	线路翻越分水岭，空旷开阔，容易出现强风		
4	沿海空旷区域	沿海存在半径2km内无高度超过20m的密集型建筑物或高山等阻碍物的区域，常见于地势开阔的水田、菜地等区域		

续表

序号	类型	辨识说明	示意图	典型图例
5	线树矛盾区域	线路路径区域下方树木与线路的水平和垂直距离小于1.0m的区域		
6	滩涂淤泥地	滩涂、淤泥等填海围垦的地方地势平坦开阔、土质松垮软弱,可塑性差,地基抗剪强度和承载力都较差,台风来临时也无任何建筑物、山丘可阻挡,减小风力,该地形上的电力线路及设备都直面台风冲击		
7	农田果园地	农田、果园地在沿海岸线几乎全线存在,这部分地势比较开阔平坦,属可塑的黏性土,可塑性较滩涂淤泥强,但在与丘陵山地的过渡处易产生微地形和微气候		

三、设防标准确定

我国沿海地区台风频发,每年都有配电网线路因为台风灾害天气出现大面积断线倒杆(塔)等事故,威胁电网安全,对人民生产生活造成较大影响。

防台标准是指抗台保护对象或工程本身要求达到的防御台风的标准。通常按某一重现期设计风速防台标准，或以某一实际风速（或将其适当放大）作为防台标准。一般当实际发生的台风速不大于防台标准时，通过防台工程的正确运用，能保证工程本身或保护对象的防台安全。

目前，我国已颁布实施的防台标准如下：

（1）《66kV 及以下架空电力线路设计规范》（GB 50061—2010）中第 4.0.1 条规定：架空电力线路设计的气温应根据当地 15～30 年气象记录中的统计值确定。设计可参考 30 年限标准，收集该项目所在区的最大风速进行防台设计。

（2）参考国家电网公司发布的《各网省电力风区分布图（30 年一遇）》（2016 年版）中，按各自网省选择风速区设计使用。

（3）参考《国家电网公司配电网工程典型设计 10kV 架空线路分册（2016 年版）》中将典型气象区分为 3 个，分别为 A、B 和 C 三种气象区，具体抗台标准区见表 3-6。

表 3-6　　　　　　　　　10kV 架空配电线路典型设计用气象区

气象区		A	B	C
大气温度（℃）	最高	+40		
	最低	−10	−20	−40
	覆冰	−5		
	最大风	−5	−5	−5
	安装	−5	−10	−15
	外过电压	+15		
	内过电压年平均气温	+20	+10	−5
风速（m/s）	最大风	35	25	30
	覆冰	10		
	安装	10		
	外过电压	15	10	10
	内过电压	17.5	15	15
覆冰厚度（mm）		5	10	10
冰的密度（kg/m³）		0.9×10^3		

（4）参考《国家电网公司配电网工程典型设计 10kV 架空线路抗台抗冰分册（2017 年版）》中将抗台典型气象区分为 2 个，分别为 D1、D2 两种气象

区，具体抗台标准区见表 3－7。

表 3－7　　　　　　10kV 架空配电线路抗台典型设计用气象区

气象区			D1	D2
大气温度（℃）		最高	+40	
		最低	−5	−5
		覆冰	−5	
		最大风	+10	+10
		安装	0	0
		外过电压	+15	
		内过电压年平均气温	+20	+20
风速（m/s）		最大风	40	45
		覆冰	10	
		安装	10	
		外过电压	15	15
		内过电压	20	23
覆冰厚度（mm）			0	0
冰的密度（kg/m³）			$0.9×10^3$	

（5）根据"十三五"配电网的建设情况，结合配电网工程特点和实际工程设计需求，推荐典型的配电网划分为 A、B、C、D1、D2 五个风速区，对应最大风速分别为 35、25、30、40、45m/s。具体风速区见表 3－2。

（6）地方网省可根据自己特点，开展防台专题研究，制定针对性的差异化防台要求，以便提高防台的标准。

四、防灾设计要点

（一）配电网架空线路防灾设计要点

1. 路径

（1）按照"廊道一次选定、路径尽量沿道路"的原则，确定线路走廊路径。

（2）配电线路路径应尽量避开微地形及灾损多发区（具体见本章节二、），选择在地质情况稳定、不易遭受台风袭击的地方。

（3）当配电线路无法避开时，微地形及灾损多发区应按照高一级风速区规定执行，可适当加大窄基塔使用比率或选用电缆敷设。

2. 导线选型

（1）同一规划区的主干线导线截面不应超过 2 种，A+、A 供电区域或海岛道路成型区域可选用电缆。

（2）架空线路导线型号的选择应考虑设施标准化，采用铝芯绝缘导线或铝绞线时，各供电区域中压架空线路导线截面的选择见表 3-8。

表 3-8　　　　　　　　　中压架空线路导线截面选择表　　　　　　　　　mm²

规划供电区域	规划主干线导线截面（含联络线）	规划分支导线截面
A+、A、B	240 或 185	≥95
C、D	≥120	≥70
E	≥95	≥50

3. 杆塔回路

（1）风速小于等于 35m/s 的，采用单、双、三、四回路。

（2）风速大于 35m/s 的，采用单、双回路。

4. 排列方式

（1）风速小于等于 35m/s 的，单回路采用三角；双回路采用双垂直；三回路采用上双三角、下水平，上双垂直、下水平；四回路采用上下双三角，上下双垂直。

（2）风速大于 35m/s 的，单回路采用三角排列，双回路采用双垂直排列。

5. 杆塔选型

（1）风速小于等于 35m/s 的，水泥杆选用 12、15m 和 18m，通常情况下应选用整体杆，交通难以到达的地区可使用法兰组装杆；耐张杆、T 接杆、终端杆可按优先次序采用窄基塔或水泥杆加四方拉线（采用双杆除外）。

（2）风速大于 35m/s 的，水泥杆通常情况下应使用 12、15m 整体杆，交通难以到达的地区可使用法兰组装杆；耐张杆、转角杆、T 接杆、终端杆均应按优先次序采用窄基塔或水泥杆加四方拉线（采用双杆除外）。

6. 档距

（1）风速小于等于 35m/s 的，水泥杆单杆 $L_h \leqslant 80m$，$L_v \leqslant 100m$；窄基塔（绝缘导线）$L_h \leqslant 80m$，$L_v \leqslant 120m$，用做终端塔使用时，$L_h \leqslant 40m$，$L_v \leqslant 60m$；窄基塔（裸导线）$L_h \leqslant 120m$，$L_v \leqslant 150m$，用做终端塔使用时，$L_h \leqslant 60m$，$L_v \leqslant 75m$；双杆（裸导线）$L_h \leqslant 250m$，$L_v \leqslant 350m$，用做终端杆使用时，$L_h \leqslant 125m$，$L_v \leqslant 175m$。

（2）风速大于 35m/s 的，水泥杆单杆 $L_h \leqslant 60m$，$L_v \leqslant 80m$；窄基塔 $L_h \leqslant 80m$，$L_v \leqslant 120m$，用做终端塔使用时，$L_h \leqslant 40m$，$L_v \leqslant 60m$。

7. 耐张段

（1）风速小于等于 35m/s 的，耐张段不超过 500m。

（2）风速大于 35m/s 的，耐张段不超过 350m。

8. 基础

（1）一类土质（沙地、滩涂、农田等软基地质）下，水泥杆应按优先次序采用台阶式或套筒无筋式（含有底盘）基础型式。

（2）风速小于等于 35m/s 的，二、三类土质（硬质地）下，梢径 190mm 及以下水泥杆采用原状土掏挖直埋式的基础型式（其中双回路及以上应配置卡盘和底盘），梢径 230mm 及以上水泥杆基础应采用套筒无筋式（含有底盘）、套筒式（含有底盘）或台阶式基础型式。

（3）风速大于 35m/s 的，梢径 190mm 及以下水泥杆采用原状土掏挖直埋式的基础型式（均应配置卡盘和底盘），梢径 230mm 及以上水泥杆基础应采用套筒无筋式（含有底盘）、套筒式（含有底盘）或台阶式基础型式。

（4）四类及以上土质下，水泥杆基础可采用原状土掏挖直埋式的基础型式。

9. 金具

（1）导线与导线的承力接续应采用对接液压型接续管。

（2）导线与导线的非承力接续应采用螺栓型 C 形铝合金线夹。

（3）导线与设备连接应采用液压型铜镀锡端子或螺栓型 C 形铝合金线夹。

（二）杆塔典型排列布置

以 1 个耐张段为典型案例，对水泥杆和窄基塔（水泥杆加四方拉线）排列布置进行说明，实际应用中应根据耐张段内杆塔数量选择水泥杆和窄基塔（水泥杆加四方拉线）排列方式，具体见表 3-9。

表 3-9　　　　　　　　　　　杆塔典型排列布置图

风速区	要求	杆塔排列布置图
A 区杆塔排列典型案例	连续直线水泥杆不能超过 4 基，直线水泥杆连续每 2 基（隔 2 基）须设有防风措施	
D1、D2 区杆塔排列典型案例	连续直线水泥杆不能超过 3 基，直线水泥杆连续每 2 基（隔 2 基）须设有防风措施	

第四节　典　型　案　例

一、防洪涝典型方案说明

（一）配电站房防洪涝典型方案

1. 生命线用户和重要电力用户站房位置

（1）总体设计要求。省市机关、防灾救灾、电力调度、交通指挥、电信枢纽、广播、电视、气象、金融、计算机信息、医疗等生命线用户和重要电力用户，其配电站房应设置在地面一层及一层以上，且必须高于防涝用地高程。

（2）典型方案图如图 3-2 所示。

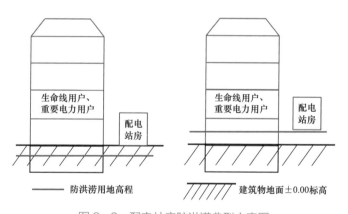

图 3-2　配电站房防洪涝典型方案图

2. 公共网络干线节点设备

（1）总体设计要求。开关站、配电室、环网箱（室）等 10kV 公共网络干线节点设备应设置在地面一层及一层以上便于线路进出的地方，必须高于防涝用地高程。

（2）典型方案图如图 3-3 所示。

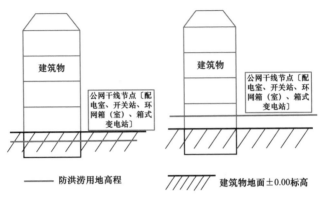

图 3-3 公共网络干线节点设备典型方案图

3. 新建住宅小区

（1）总体设计要求。建（构）筑物地面±0.00 标高低于城市防涝用地高程；变配电站房、备用发电机用房、消控中心应设置在地面一层及一层以上，并高于当地防涝用地高程。

建（构）筑物地面±0.00 标高高于城市防涝用地高程；变配电用房、备用发电机房条件许可情况下，也应尽量设置在地面一层或一层以上。

（2）典型方案图如图 3-4 所示。

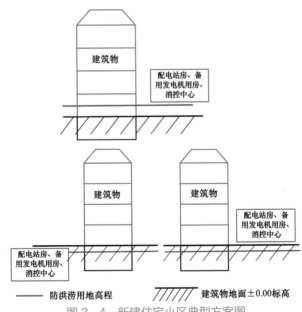

图 3-4 新建住宅小区典型方案图

（二）架空配电线路防洪涝典型方案

1. 架空配电线路防地质灾害

（1）总体设计要求。对于无法避开的滑坡和崩塌灾害杆段，杆塔和线路应与危险体边缘安全距离至少大于 5m，受现场条件限制距离无法满足时，应采用跨越或电缆敷设的方式。

对于泥石流地质灾害地段，选择性采用电缆或架空线路。当选用架空线路时，呼称高应留有一定裕度。

（2）典型方案图如图 3-5 所示。

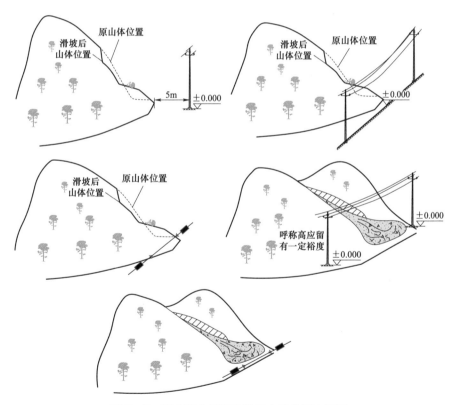

图 3-5　架空配电线路防地质灾害典型方案图

2. 配电变台防地质灾害

（1）总体设计要求。台架杆均设有围墩。

（2）典型方案图如图3-6所示。

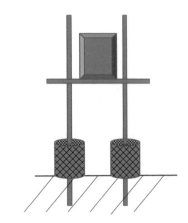

图3-6　配电变台防地质灾害典型方案图

（三）架空配电线路防洪水冲刷典型方案

根据多年设计及运行过程中的经验，梳理出几种典型架空配电线路防洪水冲刷的案例，具体分类型、设计要求及典型方案见表3-10。

表3-10　　　　　　　架空配电线路防洪水冲刷典型方案

洪涝分类	设计要求	典型方案图
河道（溪流）岸边等易冲刷坍塌的地带	（1）必要时采用浆砌挡土墙等形式加强杆塔基础。 （2）杆塔采用围墩。 （3）电杆埋深应在水位冲刷线以下	
河道拐弯处（凹岸）		

续表

洪涝分类	设计要求	典型方案图
河道冲沟地区	（1）必要时采用浆砌挡土墙等形式加强杆塔基础。 （2）杆塔采用围墩。 （3）电杆埋深应在水位冲刷线以下	河床局部剖面 水位冲刷线 ±0.000
河道护坡上	杆位应与护坡边缘保持 5m 以上的距离	河道护坡 5 m ±0.000
易成为河道的河漫滩	（1）杆塔采用围墩。 （2）电杆埋深应在水位冲刷线以下	水位冲刷线 ±0.000
两山脊间汇水面	导线与邻近的树木（塌方体边缘）的安全距离应大于 5m，同时要防止树木倾倒（塌方）时不危及导线	5m ±0.000
山区道路陡坡侧	杆位与坡脚边缘安全距离大于 5m	5 m ±0.000

续表

洪涝分类	设计要求	典型方案图
山区道路陡坡侧	杆位与坡脚边缘安全距离大于5m	

二、防台典型方案说明

1. 案例背景

××省××市××县××镇业主下达的任务书或者业主现场交底单要求：① 回路数：单回路不带低压。② 排列方式：三角排列。③ 导线：240mm² 截面绝缘导线。④ 线路长度：3km。

2. 边界条件确定

（1）根据发布《××省电力有限公司电网覆冰厚度、基本风速、雷电密度分布图和使用导则（试行）》的通知中"××电网基本风速三十年重现期分布图"确定××县××镇的基本风速为 40m/s。

（2）根据发布《××省电力有限公司电网覆冰厚度、基本风速、雷电密度分布图和使用导则（试行）》的通知中"××电网覆冰密度三十年重现期分布图"确定××县××镇的覆冰厚度为 0mm，为轻冰区。

（3）根据发布《××省电力有限公司电网覆冰厚度、基本风速、雷电密度分布图和使用导则（试行）》的通知中"××电网雷电密度分布图"确定××县××镇的雷暴日为 70 天，为强雷区。

（4）根据《××省电力系统污区分布图编制报告》，确定××县××镇的污秽等级为 c1 级，按地区运行经验取 c2 级，爬电比距大于等于 39.4mm/kV（按系统最高相电压），爬电比距大于等于 25mm/kV（按系统标称电压）。

（5）根据《国网××省电力有限公司关于印发中低压配电网规划设计技术导则（试行）的通知》中附录 C，确定其供电区域为 A。

（6）根据《国家电网公司配电网工程典型设计　10kV 架空线路抗台抗冰分册》（国网典设 2017 年版），其对应的气象为 D1 气象区。

3. 气象区确定

根据国网典型抗台气象区及××省气象分布图，××县××镇的条件为：基本风速 40m/s，覆冰厚度 0mm，见表 3－11。

表 3－11　　　　　　　　　　　D1 气象区参数表

气象区		D1
大气温度（℃）	最高	+40
	最低	－20
	覆冰	－5
	最大风	－5
	安装	－10
	外过电压	+15
	内过电压平均气温	+10
风速（m/s）	最大风	40
	覆冰	10
	安装	10
	外过电压	10
	内过电压	10
覆冰厚度（mm）		0
冰的密度（kg/m³）		0.9×10^3

4. 杆型选择

根据确定的××县××镇气象区为 D1 气象区，按照任务书确定的单回路不带低压，绝缘导线截面 240mm²，结合《国家电网公司配电网工程典型设计　10kV 架空线路抗台抗冰分册（2017 年版）》中的杆型规定及现场情况，推荐杆型见表 3－12。

表 3－12　　　　　　　　　　杆型型号选择

杆型名称	杆型代号	水平档距（m）
直线杆	ZF－N－12、ZF－N－15	≤60

续表

杆型名称	杆型代号	水平档距（m）
直线转角杆	ZJ（F1）－M－12/15	≤60
耐张杆	ZJTD1－J1－13/15、 ZJTD1－J2－13/15、 ZJTD1－J2－13/15	≤80
终端杆	ZJTD1－J3－13/15（兼做终端塔）	≤40

5. 路径选择

（1）配电线路路径的选择，应认真进行调查研究，综合考虑运行、施工、交通条件和路径长度等因素，统筹兼顾，全面安排，做到经济合理、安全适用。

（2）配电线路的路径，应与城镇总体规划相结合，与各种管线和其他市政设施协调，线路杆塔位置应与城镇环境美化相适应。

（3）配电线路路径和杆位的选择应避开低洼地、易冲刷地带和影响线路安全运行的其他地段。

（4）乡镇地区配电线路路径应与道路、河道、灌渠相协调，不占或少占农田。

（5）配电线路应避开储存易燃、易爆物的仓库区域。配电线路与有火灾危险性的生产厂房和库房、易燃易爆材料场以及可燃或易燃、易爆液（气）体储罐的防火间距不应小于杆塔高度的1.5倍。

（6）配电线路路径应尽量避开敏感的灾害点及微地形地段，选择在地质情况稳定、不易遭受雷击及台风袭击的地方，无法规避时差异化设计或缆化处理。

6. 现场排杆定位

根据确定的杆型的水平档距以及现场具体情况利用测量仪器排杆定位，设计人员确定各个杆位的杆型，现场绘制准确路径图。

特殊工况：对于无法打拉线的特殊杆位，按国网典设选取原则采用窄基塔；若存在各网省公司差异化文件需求的，按差异执行。

7. 防雷与接地措施

根据确定的该地区雷暴日为70日，属强雷区，按国网典设并结合当地运行经验差异化执行。

8. 金具、绝缘子选用

金具、绝缘子参照《国家电网公司配电网工程典型设计 10kV 架空分册（2016 年版）》选用。

9. 防雷与接地

（1）防雷与接地规范性文件。10kV 架空线路防雷与接地方式选择原则上应符合《66kV 及以下架空电力线路设计规范》（GB 50061—2010）、《交流电气装置的接地设计规范》（GB/T 50065—2011）、《10kV 及以下架空配电线路设计技术规程》（DL/T 5220—2005）等相关规定和要求。各地可根据本地区 10kV 架空线路防雷与接地相关研究成果，结合长期实际运行经验确定适合的防雷与接地措施。

（2）导则规定。

1）当配电线路采用绝缘导线时宜有防雷措施，防雷措施应根据当地雷电活动情况和实际运行经验确定。

2）架空绝缘导线应有防止雷击断线的措施，选择性采用防弧金具、箝位绝缘子和带间隙氧化锌避雷器。

3）防弧金具必须安装在绝缘子的负荷侧；当雷雨季节线路改变运行方式（负荷侧变为电源侧）时，则应在改后绝缘子的负荷侧补装。

4）使用需要局部剥开导线绝缘层的防弧金具应有防止雨水侵入的措施，防止绝缘导线内部渗水断裂。

5）根据运行经验，在易遭雷击的局部杆塔应采用延长绝缘爬距，增加导线对横担等物体的放电距离等办法减少雷击闪络的发生。

6）由架空引接电缆的电杆，应装设金属氧化物避雷器作为保护。

10. 接地

参照《国家电网公司配电网工程典型设计 10kV 架空线路分册（2016 年版）》执行。

11. 基础选型

（1）总则。电杆（塔）基础应结合当地运行经验、材料来源、地质情况等条件进行设计。

1）电杆埋设深度应计算确定。单回路的配电线路电杆埋设深度宜采用表 3-13 所列数值。

表 3-13　　　　　　　　　单回路电杆埋设深度　　　　　　　　　　　　　m

杆高	12.0	15.0	18.0
埋深	1.9	2.3（2.5）	2.8

注　括号内数据表示双回路 15.0m 杆埋深。

2）多回路的配电线路验算电杆基础底面压应力、抗拔稳定、倾覆稳定时，应符合 GB 50061 的规定。

3）现浇基础的混凝土强度不宜低于 C20 级，预制基础的混凝土强度等级不宜低于 C20 级。

4）配电线路采用钢管杆、窄基塔时，应结合当地实际情况选定。基础型式、基础的倾覆稳定应符合 DL/T 5130 的规定。

5）配电线路采用宽基塔时，应结合当地实际情况选定。基础型式、基础的上拔、下压、倾覆稳定应符合 DL/T 5129 的规定。

（2）各种杆（塔）型基础推荐。

电杆基础：直埋式基础、卡盘基础、底盘基础、套筒无筋式基础、套筒式基础、台阶式基础。

钢管杆基础：台阶式基础、灌注桩基础、钢管桩基础。

窄基塔基础：台阶式基础、灌注桩基础。

宽基塔基础：台阶式基础、掏挖基础、人工挖孔桩基础。

（3）设计图纸配置。

1）线路路径图。

2）杆塔明细表。

3）架线施工图。

4）绝缘子及金具串组装图。

5）柱上变压器台安装图。

6）柱上开关设备安装图。

7）接地装置图。

8）导（地、光缆）线防振锤安装图。

9）杆塔施工图。

10）铁塔、钢管杆基础施工图。

第四章

工 程 实 施

配电网防台防汛设施实施是配电网防台防汛的有效载体，其优良的工程施工质量是配电网防台防汛能力的重要保障，是配电网有效抵御洪涝灾害的关键因素。配电网技术管理人员熟悉工程施工工艺，了解施工工艺及其质量控制和检查技术，对工程施工质量控制和后期配电网防汛预案的制订具有重要意义。本章主要对配电网实施总体原则、防台风工程实施、防洪涝工程实施的总体流程进行了阐述，以便为后续配电网防台防汛设施实施提供参考经验。

第一节　工程实施总体原则

一、总体原则

工程实施总体根据各工程实际情况，围绕工程特点，采用防洪涝、防台标准，科学、合理地设计方案，采用新技术、新工艺、新设备等物资，实施动态管理，科学组织施工，确保防洪涝、防台风工程的有效实施。

二、安全原则

（1）不发生人身死亡事故和重大人身伤亡事故，人员轻伤率≤6‰。

（2）不发生负主要责任的重大交通事故和电网大面积停电事故。

（3）不发生重大机械设备损坏事故和重大火灾事故。

三、质量原则

（1）工程总体质量目标达到国家竣工验收和质量评定规程优良等级，杜绝重大质量事故和质量管理事故。

（2）工程必须达到设计要求，达到国家及行业的工程施工竣工验收规范与标准，合格率必须达到100%。

（3）工程物资的质量必须满足设计要求，符合工程的有关规范和标准，进入施工现场设备、材料合格率必须达到100%。

（4）工程施工质量标准严格按施工技术规范要求执行，合格率100%。

（5）工程一次验收合格率100%，分项工程优良率≥95%。

四、环境保护及文明施工原则

（1）不发生环境污染事故和重大垮塌事故。

（2）场容规范，安全有序，卫生整洁，不扰民，不损坏公共利益。

第二节　防台风工程实施

一、方案制订

（一）设计标准

根据第三章第三节防台风规划设计中的设防标准，具体标准如下：

（1）《66kV及以下架空电力线路设计规范》（GB 50061—2010）中第4.0.1条规定：架空电力线路设计的气温应根据当地15～30年气象记录中的统计值确定。设计可参考30年限标准，收集该项目所在区的最大风速进行防台设计。

（2）国家电网公司发布的《各网省电力风区分布图（30年一遇）》（2016年版）中，按各自网省选择风速区设计使用。

（3）《国家电网公司配电网工程典型设计　10kV架空线路分册（2016年版）》中将典型气象区分为3个，分别为A、B和C三种气象区。

（4）《国家电网公司配电网工程典型设计　10kV 架空线路抗台抗冰分册（2017 年版）》中将抗台典型气象区分为 2 个，分别为 D1、D2 两种气象区。

（5）根据"十三五"配电网的建设情况，结合配电网工程特点和实际工程设计需求，推荐典型的配电网划分为 A、B、C、D1、D2 五个风速区，对应最大风速分别为 35、25、30、40、45m/s。

（6）地方网省可根据自身特点，开展防台专题研究，制订针对性的差异化防台要求，以便提高防台的标准。

（7）根据上述标准开展实际工程相关设计，设计使用条件需满足防台要求。

（二）设计选择

配电线路的路径选择原则如下：

（1）规划及走廊选择。对于由于微地形产生的大风，线路走廊选址不能只考虑负荷的接入，应充分考虑地形地貌情况，尽量避开风口，在线路走廊允许的条件下尽量降低线路海拔高程，避开风口、迎风坡面等可能增加风速的地形，选择交通便利的通道、土壤地质稳定的位置。

（2）配电线路应尽量避免跨越铁路、高等级公路、民房建筑物等设施。

（3）对于线路临近顶端高出电杆 1/3 高度的广告牌、树木、彩钢板搭建的工厂厂房等在大风时极易发生毁坏造成异物挂线的地区，临近跨越档应设为独立耐张段。

（4）水田、洼地、饱和松散砂和粉土等土质松软的土壤设立无拉线电杆时应进行稳定性校验，应采取加装底盘、增加拉线、控制档距、加大埋设深度、设置围桩或围台（现浇混凝土强度不低于 C20）等措施保证立杆的稳定性。

（5）位于设计风速超过 35m/s 的大风速区的 10kV 架空线路，档距应控制在 80m 以内；原则上直线水泥杆至少每 5 档应采用 1 基钢管杆或窄基塔，转角、耐张和 T 接处等关键节点位置，宜采用铁塔（钢管杆）；电杆应采用 N 级及以上大弯矩杆，且应根据地质情况配置基础；连续 3 基直线杆应设置防风拉线或采用铁塔（钢管杆）；对于海岛等大风速、污秽腐蚀严重的区域，不易采取防风拉线、窄基塔等抗台措施的区域，宜采用电缆敷设。

根据上述规划总体要求，开展实际工程的路径方案选择，避开易受台风影响的灾害点。

（三）方案确认

1. 可研阶段

可行性研究应重点研究论证项目建设的可行性和项目建设的必要性。项目可行性研究的主要内容包括项目建设的必要性、建设方案、投资估算、经济分析、结论、附图等。

2. 初设阶段

严格按照相关规程规定的内容深度要求进行设计。根据建设单位需求控制投资规模大小，现场勘察情况设计，严格按初步设计深度最优来设计。

3. 施工图阶段

在初步技术方案的基础上，对方案进行深入勘测设计工作。勘测设计成品一般经勘测设计人自校、校核人、审核人及批准人四级校审签署，但不得少于三级。

根据业主项目部工程建设里程碑要求确定设计计划，并严格执行以确保设计不影响工程进度。创造条件满足可能出现的建设单位根据施工计划进度调整提出的提前交付特定部分施工图的要求，定期书面向建设单位汇报施工图设计及成品交付进度。

4. 方案成品

根据本节设计标准、设计原则、各阶段的工作内容，结合第三章第四节防台典型方案，完成实际防台工程设计图纸。

二、物料选取

（一）物料选取原则

参考《国家电网公司配电网工程典型设计　10kV 架空线路分册（2016 年版）》《国家电网公司配电网工程典型设计　10kV 架空线路抗台抗冰分册（2017 年版）》要求，对应项目所在地区的防台风速取值，选择所适应的物料进行设计使用，以便后续实施建设达到防台水平。

（二）物料选取

1. 导线

（1）同一规划区的主干线导线截面不应超过两种，A+、A 供电区域或海岛道路成型区域可选用电缆。

（2）架空线路导线型号的选择应考虑设施标准化，采用铝芯绝缘导线或铝绞线时，各供电区域中压架空线路导线截面的选择见表 3－8。

2. 杆塔

（1）直线水泥单杆。

1）风速小于等于 35m/s 的，单回路物料采用 Z－M－12、Z－M－15，双回路物料采用 2Z－N－15/18，三回路物料采用 3Z－N－18，四回路物料采用 4Z－N－18。

2）风速大于 35m/s 的，单回路物料采用 Z－N－12、Z－N－15，双回路物料采用 2Z－N－15。

（2）钢管杆。风速小于等于 35m/s 的，三回路物料采用 GN31/35/39/45－16，四回路物料采用 GN31/35/39/45－16。

（3）水泥双杆。风速小于等于 35m/s 的，物料采用 ZS－M－15、NJS1－N－15、NJS2－N－15、NJS3－N－15、NJS4－N－15、DS－N－15。

（4）窄基塔。

1）风速小于等于 35m/s 的，单回路物料采用 ZJT－Z－13/15/18、ZJT－J1－13/15、ZJT－J2－13/15、ZJT－J3－13/15（兼做终端塔），双回路物料采用 ZJT－SZ－13/15/18、ZJT－SJ1－13/15、ZJT－SJ2－13/15、ZJT－SJ3－13/15；带低压（单回）物料采用 ZJT3－Z－D－13/15/18、ZJT3－J1－D－13/15、ZJT3－240－J2－D－13/15、ZJT3－240－J3－D－13/15。

2）风速大于 35m/s 小于等于 40m/s 的，单回路物料采用 ZJTD1－Z－13/15/18、ZJTD1－J1－13/15、ZJTD1－J2－13/15、ZJTD1－J2－13/15、ZJTD1－J3－13/15（兼做终端塔），双回路物料采用 ZJTD1－SZ－13/15/18、ZJTD1－SJ1－13/15、ZJTD1－SJ2－13/15、ZJTD1－SJ3－13/15（兼做终端塔）。

3）风速大于 40m/s 小于等于 45m/s 的，单回路物料采用 ZJTD2－Z－13/15/18、

ZJTD2－J1－13/15、ZJTD2－J2－13/15、ZJTD2－J2－13/15、ZJTD2－J3－13/15（兼做终端塔），双回路物料采用 ZJTD2－SZ－13/15/18、ZJTD2－SJ1－13/15、ZJTD2－SJ2－13/15、ZJTD2－SJ3－13/15（兼做终端塔）。

3. 基础

（1）一类土质（沙地、滩涂、农田等软基地质）下，水泥杆应按优先次序采用台阶式或套筒无筋式（含有底盘）基础型式。

（2）风速小于等于 35m/s 的，二、三类土质（硬质地）下，梢径 190mm 及以下水泥杆采用原状土掏挖直埋式的基础型式（其中双回路及以上应配置卡盘和底盘），梢径 230mm 及以上水泥杆基础应采用套筒无筋式（含有底盘）、套筒式（含有底盘）或台阶式基础型式。

（3）风速大于 35m/s 的，梢径 190mm 及以下水泥杆采用原状土掏挖直埋式的基础型式（均应配置卡盘和底盘），梢径 230mm 及以上水泥杆基础应采用套筒无筋式（含有底盘）、套筒式（含有底盘）或台阶式基础型式。

（4）四类及以上土质下，水泥杆基础可采用原状土掏挖直埋式的基础型式。

4. 金具

（1）导线与导线的承力接续应采用对接液压型接续管。

（2）导线与导线的非承力接续应采用螺栓型 C 形铝合金线夹。

（3）导线与设备连接应采用液压型铜镀锡端子或螺栓型 C 形铝合金线夹。

三、工程施工

为贯彻配电网防台风建设要求，坚持安全性、先进性、适用性、经济性原则，对配电网的施工进行了规范，以便进一步提高防台风标准。

（一）施工项目管理策划

（1）以业主项目部《安全质量管理总体策划方案》为依据，制订工程项目《施工安全管理及风险控制方案》，经内部审核后提交至监理项目部审核，业主项目部审批。

（2）以单项工程为对象，逐项编制《单项工程组织安全技术措施方案》。

（二）施工图审和交底

（1）参与业主项目部组织施工图纸会审和现场交底，及时反馈存在的问题，对审查意见的一次性和完整性负责。

（2）根据配电网工程实际情况，图审与交底工作可以结合于现场一并开展。

（3）组织项目负责人、专职安全生产管理人员等参与业主项目部组织的安全技术交底，共同勘察现场，填写勘察记录，指出危险源和存在的安全风险，明确安全防护措施，提供安全作业相关资料信息，并应有完整的记录或资料。

（三）物料核对

根据现场交底情况对设计图纸、工程物料清册进行核对，确保物料规格型号、数量与设计图纸一致，满足施工现场需求。

（四）施工管理

1. 施工准备

（1）完成《单项工程组织安全技术措施方案》内部审核后提交至监理项目部审核、业主项目部审批。

（2）施工项目部的工程施工资源、施工承载力和同期承揽工程量、施工人员、工器具等资源投入满足工程建设要求。

（3）组织全体施工人员分工种进行安全教育、技能和安规考试，经考试合格后方可上岗，受教育人员名单和考试成绩报送业主和监理项目部审核备案。调换工种、增补或调动人员，在上岗前均必须进行安全教育、技能和安规考试，经考试合格后方可上岗，并报送业主和监理项目部审核备案。进场管理人员应与承包合同及安全协议上明确的人员一致，如不一致，应书面请示业主项目部同意后方可更换。拟担任工作票签发人和工作负责人的人员须将名单报送业主项目部，经建设管理单位考试合格后方可担任。

（4）统一配置安全工器具、个人防护用具齐全，存储条件满足要求，设专人负责日常维护、保养及定期送检工作，定期开展使用培训，要求施工人员掌握相应操作规定。

（5）组织开展符合国网典设要求的标准化施工工艺培训和宣贯，全体施工人员已掌握、熟知，经考核合格，且项目部相应技术资料齐全齐备。

（6）工程施工如需分包，应提出施工分包计划及分包申请，报监理项目部审核、业主项目部批准。

（7）编制季、月度停电需求计划，报监理项目部审核、业主项目部批准。

（8）参与业主项目部成立的工程项目应急工作组，在业主和监理项目部指导下组建现场应急救援队伍。

2. 施工必备条件

（1）施工项目部的组织机构设置、安全风险预防控制、工程前期管理落实情况已通过配电网工程开工许可"十项"要求审查。

（2）施工项目部在业主单位公司的外包安全资信系统中登记所承包项目及其项目管理人员信息，施工管理人员均持有上岗证书且应在有效期内，已经过监理项目部审核。

（3）特殊工种作业人员须持证上岗，其中技工人员必须有进网许可证和登高证，一般作业人员应有进网许可证，人员资质已经过监理项目部审核。

（4）施工机械/工器具/安全用具、防护用品经法定单位检验合格，已经过监理项目部审核。

（5）《施工安全管理及风险控制方案》《单项工程组织安全技术措施方案》已经过监理项目部审核、业主项目部审批。

（6）组织施工管理人员对已完成审查的施工图纸进行技术交底。

（7）物资、材料能满足连续施工的需要。

（8）落实以上条件，编制上报配电网工程开工报审表。

（五）项目管理

1. 进度计划管理

（1）根据业主项目部的里程碑计划，编制工程项目施工进度计划报监理、业主项目部审核审批，并执行月、周、日施工作业进度和作业计划向监理、业主项目部报备制度，严格计划刚性执行。

（2）进度计划调整。因施工项目部管理原因造成的工期延误，应自行采取调整措施，避免影响总体工期；如遇因天气、政府行为等不可抗力因素，因设备偏差、甲供材料延误、设计变更等原因造成的工期延误，施工项目部应以工作联系单形式报监理项目部及业主项目部审批同意。

（3）根据工程项目竣工计划，按照现场作业现场风险评估等级编制单项工程施工方案或标准作业卡，报送监理项目部和业主项目部审核、审批。

2. 建设协调管理

（1）参加业主项目部组织的工程月度例会、专题协调会，提出工作意见、建议和需协调解决的问题。

（2）参与项目建设外部协调工作，并根据实际情况适时组织工程会议，协调解决影响施工的相关问题。

（3）当监理下达工程暂停令时，按要求做好相关工作，待停工因素全部消除或得到有效控制后，填写复工报告，提出工程复工申请表。

（4）强化工作联系单应用，对需协调事项或存在问题及时填写《工作联系单》，报监理项目部和业主项目部。

3. 物资管理

（1）根据施工进度计划提交领料申请，并及时办理实物的出库领用。

（2）按物资存储的要求进行规范存储，保持物资质量，并保障物资安全。

（3）根据项目设计变更，统计增加的物资，及时向业主项目部提出补料申请和领用。

（4）工程竣工后，根据现场验收的实物数量进行核对，7 日内将结余物资向业主项目部办理退料手续。

（5）做好工程废旧物资回收。施工前应根据设计单位提供的《拆旧物资计划及移交清单》进行施工交底，确认需回收及利用的物资情况，配合业主项目部物资管理员准确统计实退数量。具体可按照《废旧物资管理办法》执行。

4. 信息与档案管理

（1）做好工程施工建设文件的收发、宣贯、保管、归档工作，并及时记录。

（2）根据工程档案标准化管理的要求，及时完成工程资料的收集、整理、编目工作，确保档案资料与工程进度同步。

（3）根据配电网工程相关管理信息系统的要求，及时维护更新工程建设信息、上传相关佐证材料，确保系统数据录入及时、准确、完整。

（六）安全管理

1. 安全文明施工管理

（1）进场施工作业人员应保持稳定，上岗时应佩戴有本人照片、单位、姓名、工种、有效期等信息的"胸卡"。项目负责人、专职安全生产管理人员、特殊工种人员等核心人员变动必须报业主项目部批准，并同步更新登记信息。

（2）根据项目管理实施规划中安全文明施工措施，配置相应的安全设施，为施工人员配备合格的个人防护用品，并做好日常检查、保养等管理工作。

（3）对施工现场或停工现场可能造成人员伤害或物品坠落的孔洞及沟道实施盖板、围栏等防护措施。交叉施工作业区应合理布置安全隔离设施和安全警示标志。

（4）做好现场施工管控工作，采用合理施工方案，尽量减少对客户物品、青苗等的损坏。

（5）现场应设置电力施工告示牌，完工后需清理施工现场，做到"工完、料尽、场地清"。

2. 安全风险及应急管理

（1）根据作业现场风险等级做好到岗到位，落实现场作业风险管控。

（2）结合日常专项安全检查等活动，检查项目风险控制措施落实情况。

（3）根据建设管理单位发布的预警通知，细化、落实预警管控措施，对预警措施未在施工前落实的，不得进场作业。

（4）参加应急救援知识培训和现场应急演练，接到应急信息后，立即启动现场应急处置方案，组织应急救援队伍参加救援工作。

3. 安全检查管理

（1）配合各项安全检查，对发现的问题按要求闭环整改反馈，及时填写安全检查问题整改反馈单。

（2）对进场施工装备进行入场检查，严禁"三无"（无生产许可证，无产品质量检验合格证，无产品标签）装备、未检验或超出检验周期的装备进场。对使用中的施工装备应开展状态检查、定期维护、登记标示、人员资质审查，及时停止使用达到使用年限、检验不合格的装备，采取报废、退租等处置方式。

（3）每周至少组织一次安全检查，检查分为例行检查、专项检查、随机检查、安全巡查等方式，对检查发现的问题应形成闭环管理、有据可查。

（4）发生安全事故后，现场有关人员应立即向现场负责人报告；现场负责人接到报告后，按规定及时上报本单位负责人、监理项目部、业主项目部，配合事故调查、分析和处理。

（七）质量管理

1. 质量检查及控制管理

（1）配合各级质量检查、质量监督、质量验收等工作，对存在的质量问题落实闭环整改反馈。及时填写质量检查问题整改反馈单，对监理项目部提出的施工存在的质量问题，落实整改，及时填写监理通知回复单。

（2）发生质量事件后，现场有关人员应立即向现场负责人报告；现场负责人接到报告后，按规定及时上报本单位负责人、监理项目部、业主项目部。根据事件等级，按规定配合事件调查、分析和处理。

（3）按照优质工程建设要求，做好施工现场质量检查，严格工序验收，填写施工记录，加强工程重点环节、工序质量控制。

（4）对分包工程实施有效管控，监督分包班组按照工程验收规范、质量验评、标准工艺等组织施工，确保分包工程施工质量。

（5）施工中重点检查杆根、拉线、施工机具、施工工艺及施工质量等，确保电杆底盘、卡盘安装、电杆夯实、接地体埋深、焊接工艺、导线弧垂、导线绑扎、接头压接等满足工艺规范要求，并留存数码照片。

2. 标准工艺管理

严格执行现场标准工艺，开展现场自查整改，做好优质工程参评项目施工建设，具体工艺如下：

（1）杆、塔基础及组立。

1）工艺规范。电杆立好后应正直，埋深符合要求，与相邻电杆在一条直线上，位置偏差符合设计或规范要求。

铁塔基础应制作混凝土保护帽，防止塔材浸水腐蚀。

2）施工要点。直线杆杆位位移顺线路方向不应超过设计档距的 5%，垂直线路方向不应超过 50mm；转角杆杆位位移不应超过 50mm。

双杆基础的根开误差不应超过 30mm，杆深高差不应超过 20mm。双杆立好后，应正直。双杆中心与中心桩之间的横向位移不应超过 50mm，迈步不应超过 30mm，两杆高低差不应超过 20mm。

电杆埋深应符合表 4-1 的要求。

表 4-1　　　　　　　　　电 杆 埋 设 深 度　　　　　　　　　　　m

杆高	埋设深度	杆高	埋设深度
10	1.7	15	2.5
12	1.9	18	2.8

直线杆横向位移不应大于 50mm，电杆的倾斜不应使杆梢的位移大于半个杆梢；转角杆应向外角预偏，紧线后不应向内角倾斜，向外角倾斜不应使杆梢位移大于一个杆梢；终端杆应向拉线侧预偏，紧线后不应向拉线反方向倾斜，向拉线侧倾斜不应使杆梢位移大于一个杆梢。

电杆埋设后，回填土应夯实，应有防沉土台，其培设高度应超出地面 300mm，沥青路面、水泥地面或砌有水泥花砖的路面不应有防沉土台，应恢复原状。

（2）导线安装。

1）导线弧垂和相位排列。

a. 工艺规范。导线紧好后，同档内各相导线弛度应力求一致。

导线的相位排列方式应为：三角和水平排列时面向受电侧从左到右 A、B、C，垂直排列从上到下为 B、A、C。

b. 施工要点。观察弛度的误差不应超过设计弛度的 ±5%，水平排列的导线弛度相差不应大于 50mm。

2）导线固定和连接。

a. 工艺规范。直线跨越杆，导线应双固定。柱式绝缘子的绑扎：直线杆采用顶槽绑扎法,直线角度杆采用边槽绑扎法,绑扎在线路外角侧的边槽上。

当采用绝缘导线架设时应使用 NEJ 绝缘楔形耐张线夹,型号应与导线截面相匹配。

同一档距,同一根导线上的接头不得超过一个。绝缘导线不应有接头,跨越公路、铁路等不应有接头。不同金属、不同规格、不同绞向的导线严禁在档距内连接。

耐张杆、分支杆各相跳线弯曲弧度应一致,引流线连接应使用楔形线夹、线路 C 形线夹、并沟线夹或液压型接线端子。

b. 施工要点。扎线应使用截面不小于 5mm² 的单股塑料铜线进行绑扎,绑扎方式及长度应符合规范要求。

引流线连接线夹应安装绝缘防护罩。

架空导线禁止采用绑扎连接。

(3)10kV 杆型安装工艺。

1)导线弧垂和相位排列。

a. 工艺规范。

电杆组立后应正直,偏差符合规范要求。

横担安装应平整牢固,符合规范要求。

导线应固定在瓷横担第一瓷群内。

线路单横担的安装,直线杆应装于受电侧。

导线绑扎应符合规范要求。

b. 施工要点。瓷横担安装应符合下列规定:当直立安装时,顶端顺线路歪斜不应大于 10mm;当水平安装时,顶端宜向上翘起 5°～15°;顶端顺线路歪斜不应大于 20mm。

电杆应正直,位置偏差应符合下列规定:直线杆的横向位移不应大于50mm。电杆的倾斜,杆梢的位移不应大于杆梢直径的 1/2。

绝缘线与绝缘子接触部分应用绝缘自黏带缠绕,缠绕长度应超出绑扎部位或与绝缘子接触部位两侧各 30mm。

导线紧好后,弧垂的误差不应超过设计弧垂的±5%,同档内各相导线弧垂应一致。

2）单回路双瓷横担三角排列安装。

a．工艺规范。

电杆组立后应正直，偏差符合规范要求。

横担安装应平整牢固，符合规范要求。

导线应固定在柱式绝缘子顶部中间凹槽内。

线路单横担的安装，直线杆应装于受电侧。

导线绑扎应符合规范要求。

导线弧垂偏差符合规范要求。

b．施工要点。瓷横担安装应符合下列规定：当直立安装时，顶端顺线路歪斜不应大于 10mm；当水平安装时，顶端宜向上翘起 5°～15°；顶端顺线路歪斜不应大于 20mm。

电杆应正直，位置偏差应符合下列规定：直线杆的横向位移不应大于 50mm。电杆的倾斜，杆梢的位移不应大于杆梢直径的 1/2。

横担安装牢固，两横担端部间距应一样，横担无弯曲。两瓷横担导线固定点的水平高度应一致。

绝缘线与绝缘子接触部分应用绝缘自黏带缠绕，缠绕长度应超出绑扎部位或与绝缘子接触部位两侧各 30mm。

导线紧好后，弧垂的误差不应超过设计弧垂的±5%，同档内各相导线弧垂应一致。

3）双回路双瓷横担垂直侧安装。

a．工艺规范。

电杆组立后应正直，偏差符合规范要求。

横担安装应平整牢固，符合规范要求。

导线应固定在柱式绝缘子顶部中间凹槽内。

线路单横担的安装，直线杆应装于受电侧。

导线绑扎应符合规范要求。

导线弧垂偏差符合规范要求。

b．施工要点。瓷横担安装应符合下列规定：当直立安装时，顶端顺线路歪斜不应大于 10mm；当水平安装时，顶端宜向上翘起 5°～15°；顶端顺线路歪斜不应大于 20mm。

电杆应正直，位置偏差应符合下列规定：直线杆的横向位移不应大于50mm。电杆的倾斜，杆梢的位移不应大于杆梢直径的1/2。

横担安装牢固，两横担端部间距应一样，横担无弯曲。两瓷横担导线固定点的水平高度应一致。

导线紧好后，弧垂的误差不应超过设计弧垂的±5%，同档内各相导线弧垂应一致，各相导线弧垂相差最大不应超过50mm。

绝缘线与绝缘子接触部分应用绝缘自黏带缠绕，缠绕长度应超出绑扎部位或与绝缘子接触部位两侧各30mm。

4）单回路单横担三角排列杆。

a. 工艺规范。

电杆组立后应正直，偏差符合规范要求。

横担安装应平整牢固，符合规范要求。

导线应固定在柱式绝缘子顶部中间凹槽内。

线路单横担的安装，直线杆应装于受电侧。

导线绑扎应符合规范要求。

导线弧垂偏差符合规范要求。

b. 施工要点。

柱式绝缘子安装应符合下列规定：顶端顺线路歪斜不应大于10mm。

电杆应正直，位置偏差应符合下列规定：直线杆的横向位移不应大于50mm。电杆的倾斜，杆梢的位移不应大于杆梢直径的1/2。

绝缘线与绝缘子接触部分应用绝缘自黏带缠绕，缠绕长度应超出绑扎部位或与绝缘子接触部位两侧各30mm。

导线紧好后，弧垂的误差不应超过设计弧垂的±5%，同档内各相导线弧垂应一致。

5）单回路双横担三角排列杆。

a. 工艺规范。

电杆组立后应正直，偏差符合规范要求。

横担安装应平整牢固，符合规范要求。

导线应固定在柱式绝缘子顶部中间凹槽内。

线路单横担的安装，直线杆应装于受电侧。

导线绑扎应符合规范要求。

导线弧垂偏差符合规范要求。

b. 施工要点。

柱式绝缘子安装应符合下列规定：顶端顺线路歪斜不应大于 10mm。

电杆应正直，位置偏差应符合下列规定：直线杆的横向位移不应大于 50mm。电杆的倾斜，杆梢的位移不应大于杆梢直径的 1/2。

绝缘线与绝缘子接触部分应用绝缘自黏带缠绕，缠绕长度应超出绑扎部位或与绝缘子接触部位两侧各 30mm。

导线紧好后，弧垂的误差不应超过设计弧垂的±5%，同档内各相导线弧垂应一致。

横担安装牢固，两横担端部间距应一样，横担无弯曲。

6）单回路直线三角排列耐张杆。

a. 工艺规范。

横担安装平正牢固，两横担端部间距应一样，横担无弯曲。

电杆组立后应正直，偏差符合规范要求。

三相跳线弯曲弧度应一致，跳线需有绝缘子绑扎固定。

悬式绝缘子安装应牢固，连接可靠，安装方向应防止瓷裙积水。安装时应清除绝缘子表面灰垢。

b. 施工要点。

电杆应正直，位置偏差应符合下列规定：直线杆的横向位移不应大于 50mm。电杆的倾斜，杆梢的位移不应大于杆梢直径的 1/2。

安装前绝缘子应采用不低于 5000V 的绝缘电阻表进行绝缘电阻测试，在干燥的情况下，绝缘电阻不低于 500MΩ。

没有绝缘衬垫的耐张线夹内的绝缘线宜剥去绝缘层，其长度和线夹等长，误差不大于 5mm，将裸露的铝线芯缠绕铝包带，耐张线夹应安装专用的绝缘防护罩。

导线紧好后，弧垂的误差不应超过设计弧垂的±5%，同档内各相导线弧垂应一致。

7）单回路 90°转角三角排列耐张杆。

a. 工艺规范。

横担安装平正牢固，两横担端部间距应一样，横担无弯曲。

电杆组立后应正直，偏差符合规范要求。

悬式绝缘子安装应牢固，连接可靠，安装方向应防止瓷裙积水。安装时应清除绝缘子表面灰垢。

跳线连接应采用楔形线夹等新型材料，绝缘导线的跳线连接处应安装绝缘防护罩。

b. 施工要点。

横担安装平正牢固，两横担端部间距应一样，横担无弯曲。两层横担安装方向应成 90°角。

电杆应正直，位置偏差应符合下列规定：直线杆的横向位移不应大于 50mm。电杆的倾斜，杆梢的位移不应大于杆梢直径的 1/2。

三相跳线连接按顺线路方向内角相对内角相、外角相对外角相的原则跳接。

跳线需有绝缘子绑扎固定。

安装前绝缘子应采用不低于 5000V 的绝缘电阻表进行绝缘电阻测试，在干燥的情况下，绝缘电阻不低于 500MΩ。

没有绝缘衬垫的耐张线夹内的绝缘线宜剥去绝缘层，其长度和线夹等长，误差不大于 5mm，将裸露的铝线芯缠绕铝包带，耐张线夹应安装专用的绝缘防护罩。

导线紧好后，弧垂的误差不应超过设计弧垂的±5%，同档内各相导线弧垂应一致。

8）双回路直线垂直排列耐张杆。

a. 工艺规范。

三层横担应平行一致，不应发生偏移、扭曲。

横担安装平正牢固，三层横担端部间距均应一样，横担无弯曲。

电杆组立后应正直，偏差符合规范要求。

悬式绝缘子安装应牢固，连接可靠，安装方向应防止瓷裙积水。安装时应清除绝缘子表面灰垢。

跳线连接应采用楔形线夹等新型材料，绝缘导线的跳线连接处应安装绝缘防护罩。

b. 施工要点。

电杆应正直，位置偏差应符合下列规定：直线杆的横向位移不应大于50mm。电杆的倾斜，杆梢的位移不应大于杆梢直径的1/2。

各相跳线弯曲弧度应一致，跳线需有绝缘子绑扎固定。

安装前绝缘子应采用不低于5000V的绝缘电阻表进行绝缘电阻测试，在干燥的情况下，绝缘电阻不低于500MΩ。

没有绝缘衬垫的耐张线夹内的绝缘线宜剥去绝缘层，其长度和线夹等长，误差不大于5mm，将裸露的铝线芯缠绕铝包带，耐张线夹应安装专用的绝缘防护罩。

导线紧好后，弧垂的误差不应超过设计弧垂的±5%，同档内各相导线弧垂应一致，各相导线弧垂相差最大不应超过50mm。

9）双回路90°转角垂直排列耐张杆。

a. 工艺规范。

三层横担应平行一致，不应发生偏移、扭曲。

横担安装平正牢固，三层横担端部间距均应一样，横担无弯曲。

电杆组立后应正直，偏差符合规范要求。

悬式绝缘子安装应牢固，连接可靠，安装方向应防止瓷裙积水。安装时应清除绝缘子表面灰垢。

各相跳线弯曲弧度应一致，跳线需有绝缘子绑扎固定。

b. 施工要点。

电杆应正直，位置偏差应符合下列规定：直线杆的横向位移不应大于50mm。电杆的倾斜，杆梢的位移不应大于杆梢直径的1/2。

悬式绝缘子安装应牢固，连接可靠，安装方向应防止瓷裙积水。安装时应清除绝缘子表面灰垢。安装前绝缘子应采用不低于5000V的绝缘电阻表进行绝缘电阻测试，在干燥的情况下，绝缘电阻不低于500MΩ。

没有绝缘衬垫的耐张线夹内的绝缘线宜剥去绝缘层，其长度和线夹等长，误差不大于5mm，将裸露的铝线芯缠绕铝包带，耐张线夹应安装专用的绝缘防护罩。

导线紧好后，弧垂的误差不应超过设计弧垂的±5%，同档内各相导线弧垂应一致，各相导线弧垂相差最大不应超过50mm。

10）分支杆。

a. 工艺规范。

T 接横担应与线路方向平行，横担安装应平整、牢固。

引线间距应符合规范要求。

隔离开关安装应可靠、牢固。

b. 施工要点。

隔离开关与引线的连接应采用设备线夹或接线端子，当引线为 150mm² 及以上导线时，设备线夹或接线端子与接线柱应有 2 个螺栓固定。当采用设备线夹时，进入设备线夹导线应先用铝包带包扎。

横担端部上下及左右歪斜不得超过 20mm。

隔离开关安装牢固、排列整齐，倾斜 30°为宜，相间距离应不小于 500mm。

引线与电杆、拉线、横担的净空距离不应小于 200mm。

（4）拉线安装施工工艺。

1）普通拉线制作。

a. 工艺规范。

拉线连接金具一般采用楔形线夹和 UT 型线夹。

钢绞线的尾线应在线夹舌板的凸肚侧，尾线留取长度应为 300～500mm。

钢绞线在舌板回转部分应吻合良好，并不应有松股。

钢绞线的尾线在距 线头 50mm 处绑扎，绑扎长度应为 50～80mm。

钢绞线端头弯回后应用 ϕ 3.2～4.0mm 镀锌铁线绑扎紧。

严重腐蚀地区拉线棒应进行防腐处理。

b. 施工要点。

拉线一般采用多股镀锌钢绞线，其规格为 GJ－35～GJ－100。

钢绞线剪断前应用细铁丝绑扎好。

同组拉线使用两个线夹时则线夹尾线端的方向应统一。

拉线上把和拉线抱箍连接处采用延长环连接。

防腐处理，防护部位：自地下 500mm 至地上 200mm 处；防护措施：涂沥青，缠麻袋片两层，再刷防腐油。

2）普通拉线安装。

a. 工艺规范。

拉线应采用专用的拉线抱箍。

拉线抱箍一般装设在相对应的横担下方，距横担中心 100mm 处。

拉线的收紧应采用紧线器进行。

当拉线从导线之间穿过及拉线松脱可能碰触导线时应装设绝缘子，型号建议使用 4.5C 及以上；拉线绝缘子的安装位置为最下层导线以下，并且在拉线断线情况下拉线绝缘子距地面不应小于 2.5m；拉线绝缘子的电压等级应与线路电压等级一致；拉线穿越公路时，对路面边缘的距离不应小于 6m。

拉线底把应采用热镀锌拉线棒，安全系数不小 3，最小直径不应小于 16mm。

路边的拉线，应加装防撞标识。

b. 施工要点。

楔形线夹的螺栓与延长环连接好后，R 型销针的开口为 30°～60°。

线夹舌板与拉线接触应紧密，受力后无滑动现象，线夹的凸肚应在尾线侧，安装时不应损伤线股。

水平拉线安装时，拉线柱应向张力反方向倾斜 10°～20°，坠线与拉线柱夹角不小于 30°；有坠线的拉线柱埋深为柱长 1/6，坠线上端固定点距柱顶距离应为 250mm。

安装后拉线绝缘子应与上把拉线抱箍保持 3m 距离。

UT 型线夹螺栓需留 1/2 螺杆丝扣长作日后调整拉线用，调整后 UT 型线夹的双螺母应并紧。拉线与杆夹角应不小于 45°，特殊情况下不小于 30°。

若为拉线检修更换拉线（整体或部件），在拆除旧拉线（或部件）前应采取加装临时拉线措施，防止线路失去拉线保护导致线路跑偏、倒杆等。

3）预绞式拉线制作。

a. 工艺规范。

新建和改造的拉线宜采用预绞式拉线。拉线连接金具一般采用螺旋式预绞式耐张线夹。

预绞丝表面应光洁，无裂纹、折叠和结疤等缺陷。

确认线夹与拉线直径和种类相匹配。

线夹与钢绞线旋向一致，采用标准右旋方式。

b. 施工要点。

拉线一般采用多股镀锌钢绞线，其规格为 GJ－35～GJ－100。

钢绞线剪断前应绑扎好。

拉线上把和拉线抱箍连接处采用延长环连接。

防腐处理，防护部位：自地下 500mm 至地上 200mm 处；防护措施：涂沥青，缠麻袋片两层，再刷防腐油。

4）预绞式拉线安装。

a. 工艺规范。

拉线应采用专用拉线抱箍。

拉线抱箍一般装设在相对应的横担下方，距横担中心 100mm 处。

拉线的收紧应采用紧线器进行。

当拉线从导线之间穿过及拉线松脱可能碰触导线时应装设绝缘子，型号建议使用 4.5C 及以上；拉线绝缘子的安装位置为最下层导线以下，并且在拉线断线情况下拉线绝缘子距地面不应小于 2.5m；拉线绝缘子的电压等级应与线路电压等级一致；拉线穿越公路时，对路面边缘的距离不应小于 6m。

拉线底把应采用热镀锌拉线棒，安全系数不小于 3，最小直径不应小于 16mm。

路边的拉线，应加装防撞标识。

b. 施工要点。

应用铰链将拉线拉紧至合适位置，在拉线上从锚杆向上约 20mm 处，用细铁丝绑扎剪去多余拉线。

拉线应放在离拉线耐张线夹绞环最近的铰接标识处，拉线耐张线夹与锚杆心形环的槽对齐。

水平拉线安装时，拉线柱应向张力反方向倾斜 10°～20°，坠线与拉线柱夹角不小于 30°；有坠线的拉线柱埋深为柱长 1/6，坠线上端固定点距柱顶距离应为 250mm。

安装后拉线绝缘子应与上把拉线抱箍保持 3m 距离。

拉线安装完成后应在地面以上部分安装拉线警示保护管。UT 型线夹螺栓需留 1/2 螺杆丝扣长作日后调整拉线用，拉线与杆夹角应不小于 45°特殊情况下不小于 30°。

预绞丝拉线线夹不得重复使用。

5）防风拉线制作。

a. 工艺规范。每个耐张段中间及连续 5 基直线杆时应设一基防风杆，装设防风拉线。

b. 施工要点。防风拉线应与线路方向垂直，同一基杆上防风拉线的受力应一致，不得有过松、过紧、受力不均匀的现象。

（5）电气设备连接安装工艺。

1）工艺规范。杆上电气设备连接可使用设备线夹、C 形设备线夹或压接型接线端子并安装绝缘罩。

当引线采用 150mm² 及以上导线时，应采用双孔固定的端子。

2）施工要点。引线采用设备线夹连接的，进入设备线夹的导线应用铝包带缠绕，缠绕方向应与外层线股的绞制方向一致。

如果是铜铝连接应使用铜铝过渡设备线夹。

线夹应按连接导线的材质、截面选择对应的型号。

四、工程验收

（一）验收原则

（1）隐蔽工程应由监理项目部检验合格签证后方可隐蔽，严禁施工项目部私自覆盖工程隐蔽部位，对于私自覆盖的部位应要求重新履行隐蔽验收，验收合格后方可隐蔽，予以签证。

（2）应明确隐蔽验收的主要作业工序及部位，界定隐蔽工程的范围。

（3）根据施工进度，督促施工项目部开展隐蔽工程验收，检查隐蔽工程各工序的《隐蔽工程施工记录》。

（4）对于部分施工周期短、工作内容简单的工程，三级自检、监理初检、中间验收与竣工验收，可视具体情况合并实施。

（二）验收计划

（1）施工方应按要求编制分部试运计划和分部试运方案，并在试运开始前一个月提交工程项目部。

（2）施工经理组织施工、监理、调试、设计、制造、生产运行等方面人员讨论审查，项目总工批准后实施。

（三）验收职责

工程项目部配合业主进行启动验收和试运行的协调和管理；由项目法人组织工程的竣工验收、启动和考核工作；施工经理在项目经理领导下参加工程分部试运启动验收的协调和管理工作。

（四）验收工作内容和方法

1. 验收工作内容

（1）工程已通过监理组织的预验收，并将预验收发现问题已整改完毕（至少遗留问题不影响试运行）。

（2）成立启动验收委员会。

1）启委会由建设项目法人或相关电网院组织成立，由各投资方、建设项目法人、工程项目部、质量监督站、监理、设计、施工、调试、生产、电网调度等有关单位和部门的代表参加。

2）启委会设主任委员 1 名，副主任委员和委员若干名。一般由业主或相关电网公司基建副总工任主任委员，各投资方、总承包或项目管理单位、质监、监理、生产运行及施工方的代表委员。

3）启委会负责审议并决策启动验收阶段的重大事项，全面指导工程的启动验收，检查现场的文明启动条件、安全、消防以及环境保护措施，对重大技术问题进行决策。

4）启委会在启动验收前组成，办完移交投运手续后自动停止工作。

（3）成立启动试运组。在启委会领导下成立启动试运组，并下设生产准备组、验收检查组、启动指挥组等工作机构。

2. 验收工作方法

（1）工程竣工验收检查是在施工方进行三级自检的基础上，一般在工程质量监督部门检查后进行，由监理单位主持工程预验收。预验收由项目管理单位、工程监理、设计、施工等单位参加，项目管理单位视工程具体情况可作为项目管理单位竣工验收（初验）。工程监理提供预验收报告、项目管理单位提交初验收报告后交工程启委会验收，由工程启委会检查组进行全面的检查和核查，必要时抽检和复检，并将结果向启委会报告。

（2）每次检查中发现的问题在每个阶段中加以消缺，并提交书面缺陷处理清单，明确缺陷处理人、验收人、时间，消缺之后要重新检查。

（3）竣工验收程序。

1）听取参建各单位的工作报告；

2）审查建设工程各个环节验收情况，审阅工程竣工档案资料；

3）实地查验工程并对工程质量进行评估、鉴定；

4）形成工程竣工验收会议纪要；

5）签署工程竣工验收报告；

6）对遗留问题做出处理决定。

（4）验收前工程自检、消缺、收尾、施工资料移交等准备工作按照以下要求进行：

1）组织工程自检工作，相关人员对检查出的施工质量缺陷问题进行处置。逐项列出编成清单及时组织人力进行具体处置修理并形成消缺记录，由项目经理审签。

2）组织施工现场的最终收尾和移交工作，其中包括现场的永久封闭与工程试运后施工成果的保护。项目经理根据文明施工和环保要求监督、检查各施工分承包方。

3）组织施工阶段相关资料的整理、移交，编制和完善工程质量的评定标准和质量评定数据表格，作为验收前必不可少的资料准备工作。

（5）召开启委会会议：

1）会议的主要议程；

2）视察现场（必要时）；

3）听取并审议施工、调试、设计、监理、生产运行等单位关于启动准备工作情况的汇报；

4）听取质监中心站对启动前的检查评审意见；

5）审查并批准启动方案；

6）主任委员做总结报告，宣布启动的时间和其他有关事宜。必要时安排下次启委会会议。

（6）在启委会领导下，实施启动验收工作，项目经理、项目总工、调试经理、施工经理参加。

（7）当完成按国家有关启动验收工作规定的各项任务，实现试运要求时，由主任委员宣布完成试运并进入试生产（或投产）阶段。

（8）按"启规"要求，办理移交试生产（或投产）的签字手续。

（五）验收记录

启动验收中所有的记录，一律按照国家、行业有关规程、规定办理。

第三节 防洪涝工程实施

一、线路工程实施

（一）方案制定

1. 设计标准

根据第三章第二节"防洪涝规划设计"中的设防标准，综合配电网发展建设的经验，防洪涝设防标准建议如下：

（1）重要配电网可参照《防洪标准》（GB 50201—2014）中防护等级Ⅲ执行。

（2）参照《66kV 及以下架空电力线路设计规范》（GB 50061—2010）中第 4.0.1 条规定，架空电力线路设计的气温应根据当地 15～30 年气象记录中的统计值确定。设计可参考 30 年限标准，收集该项目所在区的最高洪水位进行防洪涝设计。

（3）地方网省可根据自身特点，开展防洪涝专题研究，制订有针对性的差异化防洪涝要求，以便提高防洪涝的标准。

2. 设计选择

（1）路径选择原则。

1）架空电力线路应避开洼地、冲刷地带、不良地质地区、原始森林区及影响线路安全运行的其他地区。

2）位于洪涝地质灾害地带的 10kV 架空线路，杆塔应采用自立式杆塔（无拉线杆塔），应采用 N 级及以上非预应力钢筋混凝土杆或复合材料电杆，且应根据地质情况配置基础；转角、耐张和 T 接处等关键节点位置，宜采用钢管杆（铁塔）。河道冲沟地区、河道拐弯处、滑坡等易发生灾害的地带，宜采用浆砌挡土墙等形式加强杆塔基础；杆塔和线路应与危险体（树木）边缘保持足够距离；易成为河道的河漫滩，杆塔采用围墩，电杆埋深应在水位冲刷线以下；受现场条件限制无法保证安全距离时，应采用跨越或电缆敷设的方式。

（2）根据上述规划总体要求，开展实际工程的路径方案选择，避开易受台风影响的灾害点。

3. 方案确认

（1）可研阶段。可行性研究应重点研究论证项目建设的可行性和项目建设的必要性。项目的可行性研究的主要内容包括：项目建设的必要性、建设方案、投资估算、经济分析、结论、附图等。

（2）初设阶段。严格按照相关规程规定的内容深度要求进行设计。根据建设单位需求控制投资规模大小，现场勘察情况设计，严格按初步设计深度最优设计。

（3）施工图阶段。在初步技术方案的基础上，对方案进行深入勘测设计工作。勘测设计成品一般经勘测设计人自校、校核人、审核人及批准人四级校审签署，但不得少于三级。

根据业主项目部工程建设里程碑要求确定设计计划，并严格执行以确保设计不影响工程进度。创造条件满足可能出现的建设单位根据施工计划进度调整提出的提前交付特定部分施工图的要求，定期书面向建设单位汇报施工图设计及成品交付进度。

（4）方案成品。根据本节设计标准、设计原则、各阶段的工作内容，再结合第三章第四节"防洪涝典型方案"，完成实际防洪涝工程设计图纸。

（二）物料选取

1. 物料选取原则

参考《国家电网公司配电网工程典型设计　10kV 架空线路分册（2016 年

版)》，结合各网省差异化要求，选择所适应的物料进行设计使用，以便后续实施建设达到防洪涝水平。

2. 物料选取

根据防洪涝设计要求，结合洪涝地质灾害特点，对水泥杆基础加固措施所需物料分别有围墩、地盘、卡盘、套筒。

（三）工程施工

1. 施工项目管理策划

（1）以业主项目部《安全质量管理总体策划方案》为依据，制订工程项目《施工安全管理及风险控制方案》，经内部审核后提交至监理项目部审核、业主项目部审批。

（2）以单项工程为对象，逐项编制《单项工程组织安全技术措施方案》。

2. 施工图审和交底

（1）参与业主项目部组织施工图纸会审和现场交底，及时反馈存在的问题，对审查意见的一次性和完整性负责。

（2）根据配电网工程实际情况，图审与交底工作可以结合于现场一并开展。

（3）组织项目负责人、专职安全生产管理人员等参与业主项目部组织的安全技术交底，共同勘察现场，填写勘察记录，指出危险源和存在的安全风险，明确安全防护措施，提供安全作业相关资料信息，并应有完整的记录或资料。

3. 物料核对

根据现场交底情况对设计图纸、工程物料清册进行核对，确保物料规格型号、数量与设计图纸一致，满足施工现场需求。

4. 施工管理

（1）完成《单项工程组织安全技术措施方案》内部审核后提交至监理项目部审核、业主项目部审批。

（2）施工项目部的工程施工资源、施工承载力和同期承揽工程量、施工人员、工器具等资源投入满足工程建设要求。

（3）组织全体施工人员分工种进行安全教育、技能和安规考试，经考试合格后方可上岗，受教育人员名单和考试成绩报送业主和监理项目部审核备案。调换工种、增补或调动人员，在上岗前均必须进行安全教育、技能和安规考试，经考试合格后方可上岗，并报送业主和监理项目部审核备案。进场管理人员应与承包合同及安全协议上明确的人员一致，如不一致，应书面请示业主项目部同意后方可更换。拟担任工作票签发人和工作负责人的人员须将名单报送业主项目部，经建设管理单位考试合格后方可担任。

（4）统一配置安全工器具、个人防护用具齐全，存储条件满足要求，有设专人负责日常维护、保养及定期送检工作，定期开展使用培训，要求施工人员掌握相应操作规定。

（5）组织开展符合国网典设要求的标准化施工工艺培训和宣贯，全体施工人员已掌握、熟知，经考核合格，且项目部相应技术资料齐全齐备。

（6）工程施工如需分包，应提出施工分包计划及分包申请，报监理项目部审核、业主项目部批准。

（7）编制季、月度停电需求计划，报监理项目部审核、业主项目部批准。

（8）参与业主项目部成立工程项目应急工作组，在业主和监理项目部指导下组建现场应急救援队伍。

5. 施工必备条件

（1）施工项目部的组织机构设置、安全风险预防控制、工程前期管理落实情况已通过配网工程开工许可"十项"要求审查。

（2）施工项目部在业主单位公司的外包安全资信系统中登记所承包项目及其项目管理人员信息，施工管理人员均持有上岗证书均应在有效期内，已经过监理项目部审核。

（3）特殊工种作业人员须持证上岗，其中技工人员必须有进网许可证和登高证，一般作业人员应有进网许可证，人员资质已经过监理项目部审核。

（4）施工机械/工器具/安全用具、防护用品经法定单位检验合格，已经过监理项目部审核。

（5）《施工安全管理及风险控制方案》《单项工程组织安全技术措施方案》

已经过监理项目部审核、业主项目部审批。

（6）组织施工管理人员对已完成审查的施工图纸进行技术交底。

（7）物资、材料能满足连续施工的需要。

（8）落实以上条件，编制上报配电网工程开工报审表。

6. 项目管理

（1）进度计划管理。

1）根据业主项目部的里程碑计划，编制工程项目施工进度计划报监理、业主项目部审核审批，并执行月、周、日施工作业进度和作业计划向监理、业主项目部报备制度，严格计划刚性执行。

2）进度计划调整。因施工项目部管理原因造成的工期延误，应自行采取调整措施，避免影响总体工期；如遇因天气、政府行为等不可抗力因素，因设备偏差、甲供材料延误、设计变更等原因造成的工期延误，施工项目部应以工作联系单形式报监理项目部及业主项目部审批同意。

3）根据工程项目竣工计划按照现场作业现场风险评估等级编制单项工程施工方案或标准作业卡，报送监理项目部和业主项目部审核、审批。

（2）建设协调管理。

1）参加业主项目部组织的工程月度例会、专题协调会，提出工作意见、建议和需协调解决的问题。

2）参与项目建设外部协调工作，并根据实际情况，适时组织工程会议，协调解决影响施工的相关问题。

3）当监理下达工程暂停令时，按要求做好相关工作，待停工因素全部消除或得到有效控制后，填写复工报告，提出工程复工申请表。

4）强化工作联系单应用，对需协调事项或存在问题及时填写《工作联系单》，报监理项目部和业主项目部。

（3）物资管理。

1）根据施工进度计划提交领料申请，并及时办理实物的出库领用。

2）按物资存储的要求进行规范存储，保持物资的质量，并保障物资的安全。

3）根据项目设计变更，统计增加的物资，及时向业主项目部提出补料申请和领用。

4）工程竣工后，根据现场验收的实物数量进行核对，7日内将结余物资向业主项目部办理退料手续。

5）做好工程废旧物资回收。施工前应根据设计单位提供的《拆旧物资计划及移交清单》进行施工交底，确认需回收及利用的物资情况，配合业主项目部物资管理员准确统计实退数量。具体可按照《废旧物资管理办法》执行。

（4）信息与档案管理。

1）做好工程施工建设文件的收发、宣贯、保管、归档工作，并及时记录。

2）根据工程档案标准化管理的要求，及时完成工程资料的收集、整理、编目工作，确保档案资料与工程进度同步。

3）根据配电网工程相关管理信息系统的要求，及时维护更新工程建设信息、上传相关佐证材料，确保系统数据录入及时、准确、完整。

7. 安全管理

（1）安全文明施工管理。

1）进场施工作业人员应保持稳定，上岗时应佩戴有本人照片、单位、姓名、工种、有效期等信息的"胸卡"。项目负责人、专职安全生产管理人员、特殊工种人员等核心人员变动必须报业主项目部批准，并同步更新登记信息。

2）根据项目管理实施规划中安全文明施工措施，配置相应的安全设施，为施工人员配备合格的个人防护用品，并做好日常检查、保养等管理工作。

3）对施工现场或停工现场可能造成人员伤害或物品坠落的孔洞及沟道实施盖板、围栏等防护措施。交叉施工作业区应合理布置安全隔离设施和安全警示标志。

4）做好现场施工管控工作，采用合理施工方案，尽量减少对客户物品、青苗等的损坏。

5）现场应设置电力施工告示牌，完工后需清理施工现场，做到"工完、料尽、场地清"。

（2）安全风险及应急管理。

1）根据作业现场风险等级做好到岗到位，落实现场作业风险管控。

2）结合日常专项安全检查等活动，检查项目风险控制措施落实情况。

3）根据建设管理单位发布的预警通知，细化、落实预警管控措施，对预警措施未在施工前落实的，不得进场作业。

4）参加应急救援知识培训和现场应急演练，接到应急信息后，立即启动现场应急处置方案，组织应急救援队伍参加救援工作。

（3）安全检查管理。

1）配合各项安全检查，对发现的问题按要求闭环整改反馈。及时填写安全检查问题整改反馈单。

2）对进场施工装备进行入场检查，严禁"三无"装备、未检验或超出检验周期的装备进场。对使用中的施工装备应开展状态检查、定期维护、登记标示、人员资质审查，及时停止使用达到使用年限、检验不合格的装备，采取报废、退租等处置方式。

3）每周至少组织一次安全检查，检查分为例行检查、专项检查、随机检查、安全巡查等方式，对检查发现的问题应形成闭环管理、有据可查。

4）发生安全事故后，现场有关人员应立即向现场负责人报告；现场负责人接到报告后，按规定及时上报本单位负责人、监理项目部、业主项目部，配合事故调查、分析和处理。

8. 质量管理

（1）质量检查及控制管理。

1）配合各级质量检查、质量监督、质量验收等工作，对存在的质量问题落实闭环整改反馈。及时填写质量检查问题整改反馈单，对监理项目部提出施工存在的质量问题，落实整改，及时填写监理通知回复单。

2）发生质量事件后，现场有关人员应立即向现场负责人报告；现场负责人接到报告后，按规定及时上报本单位负责人、监理项目部、业主项目部。根据事件等级，按规定配合事件调查、分析和处理。

3）按照优质工程建设要求，做好施工现场质量检查，严格工序验收，填写施工记录，加强工程重点环节、工序质量控制。

4）对分包工程实施有效管控，监督分包班组按照工程验收规范、质量验评、标准工艺等组织施工，确保分包工程施工质量。

5）施工中重点检查杆根、拉线、施工机具、施工工艺及施工质量等，确保电杆底盘、卡盘安装、电杆夯实、接地体埋深、焊接工艺、导线弧垂、导线绑扎、接头压接等满足工艺规范要求，并留存数码照片。

（2）标准工艺管理。严格执行现场标准工艺，开展现场自查整改，做好优质工程参评项目施工建设，具体各加固基础施工图方案如下：

1）围墩典型施工图（一）见图4-1。

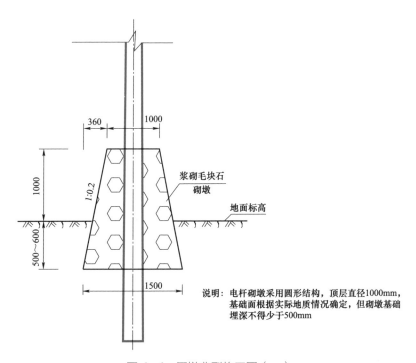

图4-1 围墩典型施工图（一）

2）围墩典型施工图（二）见图4-2。

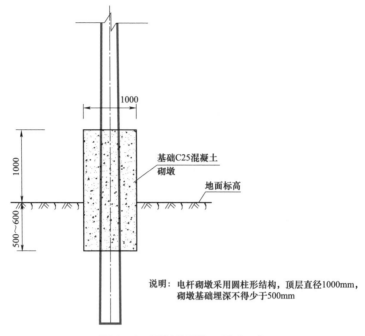

说明：电杆砌墩采用圆柱形结构，顶层直径1000mm，
砌墩基础埋深不得少于500mm

图4-2　围墩典型施工图（二）

3）底盘、卡盘典型施工图见图4-3。

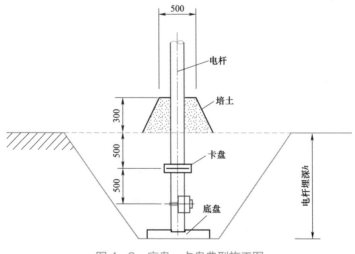

图4-3　底盘、卡盘典型施工图

4）套筒典型施工图见图4-4。

5）套筒典型施工图（带翼板）见图4-5。

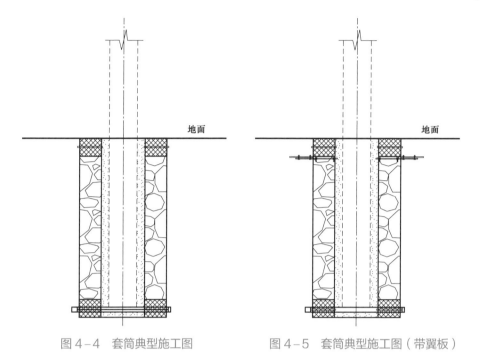

图 4-4 套筒典型施工图 　　　　图 4-5 套筒典型施工图（带翼板）

（四）工程验收

1. 验收原则

（1）隐蔽工程应由监理项目部检验合格签证后方可隐蔽，严禁施工项目部私自覆盖工程隐蔽部位，对于私自覆盖的部位应要求重新履行隐蔽验收，验收合格后方可隐蔽，予以签证。

（2）应明确隐蔽验收的主要作业工序及部位，界定隐蔽工程的范围。

（3）根据施工进度，督促施工项目部开展隐蔽工程验收，检查隐蔽工程各工序的《隐蔽工程施工记录》。

（4）对于部分施工周期短、工作内容简单的工程，三级自检、监理初检、中间验收与竣工验收，可视具体情况合并实施。

2. 验收计划

（1）施工方应按要求编制分部试运计划和分部试运方案，并在试运开始前一个月提交工程项目部。

（2）施工经理组织施工、监理、调试、设计、制造、生产运行等方面人员讨论审查，项目总工批准后实施。

3. 验收职责

工程项目部配合业主进行启动验收和试运行的协调和管理；由项目法人组织工程的竣工验收、启动和考核工作；施工经理在项目经理领导下参加工程分部试运启动验收的协调和管理工作。

4. 验收工作内容和方法

（1）验收工作内容。

1）工程已通过监理组织的预验收，并将预验收发现问题已整改完毕（至少遗留问题不影响试运行）。

2）成立启动验收委员会。

a. 启委会由建设项目法人或相关电网院组织成立，由各投资方、建设项目法人、工程项目部、质量监督站、监理、设计、施工、调试、生产、电网调度等有关单位和部门的代表参加。

b. 启委会设主任委员 1 名，副主任委员和委员若干名。一般由业主或相关电网公司基建副总工任主任委员，各投资方、总承包或项目管理单位、质监、监理、生产运行及施工方的代表委员。

c. 启委会负责审议并决策启动验收阶段的重大事项，全面指导工程的启动验收，检查现场的文明启动条件、安全、消防以及环境保护措施，对重大技术问题进行决策。

d. 启委会在启动验收前组成，办完移交投运手续后自动停止工作。

3）成立启动试运组。在启委会领导下成立启动试运组，并下设生产准备组、验收检查组、启动指挥组等工作机构。

（2）验收工作方法。

1）工程竣工验收检查是在施工方进行三级自检的基础上，一般在工程质量监督部门检查后进行，由监理单位主持工程预验收。预验收由项目管理单位、工程监理、设计、施工等单位参加，项目管理单位视工程具体情况可作为项目管理单位竣工验收（初验）。工程监理提供预验收报告、项目管理单位提交初验收报告后交工程启委会验收，由工程启委会检查组进行全面的检查和核查，必要时抽检和复检，并将结果向启委会报告。

2）每次检查中发现的问题在每个阶段中加以消缺，并提交书面缺陷处理清单，明确缺陷处理人、验收人、时间，消缺之后要重新检查。

3）竣工验收程序。

a. 听取参建各单位的工作报告；

b. 审查建设工程各个环节验收情况，审阅工程竣工档案资料；

c. 实地查验工程并对工程质量进行评估、鉴定；

d. 形成工程竣工验收会议纪要；

e. 签署工程竣工验收报告；

f. 对遗留问题做出处理决定。

4）验收前工程自检、消缺、收尾、施工资料移交等准备工作按照以下要求进行：

a. 组织工程自检工作，相关人员对检查出的施工质量缺陷问题进行处置。逐项列出编成清单及时组织人力进行具体处置修理、并形成消缺记录，由项目经理审签；

b. 组织施工现场的最终收尾和移交工作，其中包括现场的永久封闭与工程试运后施工成果的保护。项目经理根据文明施工和环保要求监督、检查各施工分承包方；

c. 组织施工阶段相关资料的整理、移交，编制和完善工程质量的评定标准和质量评定数据表格，作为验收前必不可少的资料准备工作。

5）召开启委会会议。

a. 会议的主要议程；

b. 视察现场（必要时）；

c. 听取并审议施工、调试、设计、监理、生产运行等单位关于启动准备工作情况的汇报；

d. 听取质监中心站对启动前的检查评审意见；

e. 审查并批准启动方案；

f. 主任委员作总结报告，宣布启动的时间和其他有关事宜。必要时安排下次启委会会议。

6）在启委会领导下，实施启动验收工作，项目经理、项目总工、调试经理、施工经理参加。

7）当完成按国家有关启动验收工作规定的各项任务，实现试运要求时，由主任委员宣布完成试运并进入试生产（或投产）阶段。

8）按相关启动送电规定要求，办理移交试生产（或投产）的签字手续。

5. 验收记录

启动验收中所有的记录，一律按照国家、行业有关规程、规定办理。

二、配电站房工程实施

（一）方案制订

1. 设计标准

根据第三章第二节防洪涝规划设计中的设防标准，综合配电网发展建设的经验，防洪涝设防标准建议如下：

（1）重要配电网可参照《防洪标准》（GB 50201—2014）中防护等级Ⅲ执行。

（2）参照《66kV及以下架空电力线路设计规范》（GB 50061—2010）中第4.0.1条规定，架空电力线路设计的气温应根据当地15～30年气象记录中的统计值确定。设计可参考30年限标准，收集该项目所在区的最高洪水位进行防洪涝设计。

（3）地方网省可根据自己特点，开展防洪涝专题研究，制定针对性的差异化防洪涝要求，以便提高防洪涝的标准。

2. 设计选择

（1）原则。

1）按照全寿命周期费用最小的原则，区分配电网设施的重要程度，结合配电装置所处的地形地貌和典型灾损，依照"避开灾害、防御灾害、限制灾损"的次序，采取防灾差异化规划设计措施，加强防灾设计方案的技术经济比较，提高配电网防灾的安全可靠性和经济适用性。

2）存在洪涝风险的配电站房不应采用SF_6及较空气密度高的气体开关设备。

3）存在洪涝风险且独立于建筑的配电站房应选用油浸式变压器，且应抬高基础。

4）存在洪涝风险的配电站房应配置防水挡板和阻水沙袋，电缆进出口和预留口等应做好防水封堵，配电站房的通风口不宜设置在配电站房底部。

（2）设防标准。站址标高应高于防涝用地高程，取 50 年一遇洪涝水位，无法获取时取历史最高洪涝水位。

（3）生命线用户和重要电力用户配电站房位置。省市机关、防灾救灾、电力调度、交通指挥、电信枢纽、广播、电视、气象、金融、计算机信息、医疗等生命线用户和重要电力用户其配电站房应设置在地面一层及一层以上，且必须高于防涝用地高程。

（4）公共网络干线节点设备。

1）开关站、配电室、环网箱（室）等 10kV 公共网络干线节点设备应设置在地面一层及一层以上便于线路进出的地方，必须高于防涝用地高程。

2）易涝地区，不宜采用箱式变，宜采用电缆进出的柱上变；受条件限制，当采用箱式变时，应选用美式油浸式箱式变，且基础应高于防涝用地高程，同时应加强低压室和高压电缆终端附件的防水性能。

（5）新建住宅小区。

1）重要供电设施。变配电站房、备用发电机用房、消控中心应设置在地面一层及一层以上，且高于当地防涝用地高程。

2）重要负荷用电设施。电梯、供水设施、地下室常设抽水设备、应急照明、消控中心等重要负荷的配电设施，应设置在地面一层或一层以上且位于移动发电机组容易接入的位置，并设置应急用电集中接口，以保证受灾时通过发电快速恢复供电。

3）位于地下层的防灾措施。

a. 当配电站房位于地下一层时，所在平面应高于地下一层的正常标高，电缆进出口应按终期进出线规模预留并做好防水封堵，配电站房门应根据防火等级和防火分区的划分采用甲乙级防火门，门宽和高应考虑设备运输需要，配电站房前应考虑设备二次搬运通道，配电站房位置不应设在卫生间、浴室或其他经常积水场所的正下方，且不宜和上述场所相贴邻。

b. 新建住宅小区所有可能产生地下室进水的出入口、通风口及电缆沟底面标高应高于室外地面±0.00标高，且高于防涝用地高程。

c. 地下室出入口、通风口、排水管道、电缆管沟、室内电梯井、楼梯间等，应增设防止涝水倒灌的设施。地下室出入口应设置闭合挡水槛或防水闸。变配电站房的房门应设置挡水门槛。地下室出入口截水沟不应与地下室排水系统连通，应设置独立排水系统。

3. 方案确认

（1）可研阶段。可行性研究应重点研究论证项目建设的可行性和项目建设的必要性。项目的可行性研究的主要内容包括：项目建设的必要性、建设方案、投资估算、经济分析、结论、附图等。

（2）初设阶段。严格按照相关规程规定的内容深度要求进行设计。根据建设单位需求控制投资规模大小，现场勘察情况设计，严格按初步设计深度最优来设计。

（3）施工图阶段。在初步技术方案的基础上，对方案进行深入勘测设计工作。勘测设计成品一般经勘测设计人自校、校核人、审核人及批准人四级校审签署，但不得少于三级。

根据业主项目部工程建设里程碑要求确定设计计划，并严格执行以确保设计不影响工程进度。创造条件满足可能出现的建设单位根据施工计划进度调整提出的提前交付特定部分施工图的要求，定期书面向建设单位汇报施工图设计及成品交付进度。

（4）方案成品。根据本节设计标准、设计原则、各阶段的工作内容，再结合第三章第四节防洪涝典型方案，完成实际防洪涝工程设计图纸。

（二）物料选取

1. 物料选取原则

根据《国家电网公司配电网工程典型设计 10kV架空线路分册（2016年版）》，结合各网省差异化要求，选择所适应的物料进行设计使用，以便后续实施建设达到防洪涝水平。

2. 物料选取

根据防洪涝设计要求，结合洪涝地质灾害特点，对配电站房物料选取如下：

（1）开关站。

1）应优先选用气体绝缘金属封闭式开关柜，其整体防护等级不应低于IP3X，气箱防护等级不应低于 IP67，电动操动机构及二次回路封闭装置的防护等级不应低于 IP55。

2）受条件限制，采用金属铠装移开式开关柜时，其柜门关闭时防护等级不应低于 IP41，柜门打开时防护等级不应低于 IP2X。

（2）环网室。应选用共箱型气体绝缘柜，其整体防护等级不应低于 IP3X，气箱防护等级不应低于 IP67，电动操动机构及二次回路封闭装置的防护等级不应低于 IP55。

（3）环网箱。

1）应选用全绝缘全密封共箱型气体绝缘柜，其柜门关闭时防护等级不应低于 IP43，柜门打开时防护等级不应低于 IP2X，气箱防护等级不应低于 IP67，电动操动机构及二次回路封闭装置的防护等级不应低于 IP55。

2）不应在环网箱箱体下侧设通风窗。

（4）配电室。应选用气体绝缘柜，其整体防护等级不低于 IP3X，气箱防护等级不应低于 IP67，电动操动机构及二次回路封闭装置的防护等级不应低于 IP55。

（三）工程施工

为贯彻配电网防洪涝建设要求，坚持安全性、先进性、适用性、经济性原则，对配电网站房的施工进行了规范，以便进一步提高防洪涝标准。

1. 施工项目管理策划

（1）以业主项目部《安全质量管理总体策划方案》为依据，制订工程项目《施工安全管理及风险控制方案》内部审核后提交至监理项目部审核、业主项目部审批。

（2）以单项工程为对象，逐项编制《单项工程组织安全技术措施方案》。

2. 施工图审和交底

（1）参与业主项目部组织施工图纸会审和现场交底，及时反馈存在的问题，对审查意见的一次性和完整性负责。

（2）根据配电网工程实际情况，图审与交底工作可以结合于现场一并开展。

（3）组织项目负责人、专职安全生产管理人员等参与业主项目部组织的安全技术交底，共同勘察现场，填写勘察记录，指出危险源和存在的安全风险，明确安全防护措施，提供安全作业相关资料信息，并应有完整的记录或资料。

3. 物料核对

根据现场交底情况对设计图纸、工程物料清册进行核对，确保物料规格型号、数量与设计图纸一致，满足施工现场需求。

4. 施工管理

（1）完成《单项工程组织安全技术措施方案》内部审核后提交至监理项目部审核、业主项目部审批。

（2）施工项目部的工程施工资源、施工承载力和同期承揽工程量、施工人员、工器具等资源投入满足工程建设要求。

（3）组织全体施工人员分工种进行安全教育、技能和安规考试，经考试合格后方可上岗，受教育人员名单和考试成绩报送业主和监理项目部审核备案。调换工种、增补或调动人员，在上岗前均必须进行安全教育、技能和安规考试，经考试合格后方可上岗，并报送业主和监理项目部审核备案。进场管理人员应与承包合同及安全协议上明确的人员一致，如不一致，应书面请示业主项目部同意后方可更换。拟担任工作票签发人和工作负责人的人员须将名单报送业主项目部，经建设管理单位考试合格后方可担任。

（4）统一配置安全工器具、个人防护用具齐全，存储条件满足要求，有设专人负责日常维护、保养及定期送检工作，定期开展使用培训，要求施工人员掌握相应操作规定。

（5）组织开展符合国网典设要求的标准化施工工艺培训和宣贯，全体施工人员已掌握、熟知，经考核合格，且项目部相应技术资料齐全齐备。

（6）工程施工如需分包，应提出施工分包计划及分包申请，报监理项目部审核、业主项目部批准。

（7）编制季、月度停电需求计划，报监理项目部审核、业主项目部批准。

（8）参与业主项目部成立工程项目应急工作组，在业主和监理项目部指导下组建现场应急救援队伍。

5. 施工必备条件

（1）施工项目部的组织机构设置、安全风险预防控制、工程前期管理落实情况已通过配电网工程开工许可"十项"要求审查。

（2）施工项目部在业主单位公司的外包安全资信系统中登记所承包项目及其项目管理人员信息，施工管理人员均持有上岗证书均应在有效期内，已经过监理项目部审核。

（3）特殊工种作业人员须持证上岗，其中技工人员必须有进网许可证和登高证，一般作业人员应有进网许可证，人员资质已经过监理项目部审核。

（4）施工机械/工器具/安全用具、防护用品经法定单位检验合格，已经过监理项目部审核。

（5）《施工安全管理及风险控制方案》《单项工程组织安全技术措施方案》已经过监理项目部审核、业主项目部审批。

（6）组织施工管理人员对已完成审查的施工图纸进行技术交底。

（7）物资、材料能满足连续施工的需要。

（8）落实以上条件，编制上报配电网工程开工报审表。

6. 项目管理

（1）进度计划管理。

1）根据业主项目部的里程碑计划，编制工程项目施工进度计划报监理、业主项目部审核审批。并执行月、周、日施工作业进度和作业计划向监理、业主项目部报备制度，严格计划刚性执行。

2）进度计划调整。因施工项目部管理原因造成的工期延误，应自行采取调整措施，避免影响总体工期；如遇因天气、政府行为等不可抗力因素，因设备偏差、甲供材延误、设计变更等原因造成的工期延误，施工项目部应以工作联系单形式报监理项目部及业主项目部审批同意。

3）根据工程项目竣工计划按照现场作业现场风险评估等级编制单项工程施工方案或标准作业卡，报送监理项目部和业主项目部审核、审批。

（2）建设协调管理。

1）参加业主项目部组织的工程月度例会、专题协调会，提出工作意见、建议和需协调解决的问题。

2）参与项目建设外部协调工作，并根据实际情况，适时组织工程会议，协调解决影响施工的相关问题。

3）当监理下达工程暂停令时，按要求做好相关工作，待停工因素全部消除或得到有效控制后，填写复工报告，提出工程复工申请表。

4）强化工作联系单应用，对需协调事项或存在问题及时填写《工作联系单》，报监理项目部和业主项目部。

（3）物资管理。

1）根据施工进度计划提交领料申请，并及时办理实物的出库领用。

2）按物资存储的要求进行规范存储，保持物资的质量，并保障物资的安全。

3）根据项目设计变更，统计增加的物资，及时向业主项目部提出补料申请和领用。

4）工程竣工后，根据现场验收的实物数量进行核对，7日内将结余物资向业主项目部办理退料手续。

5）做好工程废旧物资回收。施工前应根据设计单位提供的《拆旧物资计划及移交清单》进行施工交底，确认需回收及利用的物资情况，配合业主项目部物资管理员准确统计实退数量。具体可按照《废旧物资管理办法》执行。

（4）信息与档案管理。

1）做好工程施工建设文件的收发、宣贯、保管、归档工作，并及时记录。

2）根据工程档案标准化管理的要求，及时完成工程资料的收集、整理、编目工作，确保档案资料与工程进度同步。

3）根据配电网工程相关管理信息系统的要求，及时维护更新工程建设信息、上传相关佐证材料，确保系统数据录入及时、准确、完整。

7. 安全管理

（1）安全文明施工管理。

1）进场施工作业人员应保持稳定，上岗时应佩戴有本人照片、单位、姓名、工种、有效期等信息的"胸卡"。项目负责人、专职安全生产管理人员、特殊工种人员等核心人员变动必须报业主项目部批准，并同步更新登记信息。

2）根据项目管理实施规划中安全文明施工措施，配置相应的安全设施，为施工人员配备合格的个人防护用品，并做好日常检查、保养等管理工作。

3）对施工现场或停工现场可能造成人员伤害或物品坠落的孔洞及沟道实施盖板、围栏等防护措施。交叉施工作业区应合理布置安全隔离设施和安全警示标志。

4）做好现场施工管控工作，采用合理施工方案，尽量减少对客户物品、青苗等的损坏。

5）现场应设置电力施工告示牌，完工后需清理施工现场，做到"工完、料尽、场地清"。

（2）安全风险及应急管理。

1）根据作业现场风险等级做好到岗到位，落实现场作业风险管控。

2）结合日常专项安全检查等活动，检查项目风险控制措施落实情况。

3）根据建设管理单位发布的预警通知，细化、落实预警管控措施，对预警措施未在施工前落实的，不得进场作业。

4）参加应急救援知识培训和现场应急演练，接到应急信息后，立即启动现场应急处置方案，组织应急救援队伍参加救援工作。

（3）安全检查管理。

1）配合各项安全检查，对发现的问题按要求闭环整改反馈。及时填写安全检查问题整改反馈单。

2）对进场施工装备进行入场检查，严禁"三无"装备、未检验或超出检验周期的装备进场。对使用中的施工装备应开展状态检查、定期维护、登记标示、人员资质审查，及时停止使用达到使用年限、检验不合格的装备，采取报废、退租等处置方式。

3）每周至少组织一次安全检查，检查分为例行检查、专项检查、随机检查、安全巡查等方式，对检查发现的问题应形成闭环管理、有据可查。

4）发生安全事故后，现场有关人员应立即向现场负责人报告；现场负责人接到报告后，按规定及时上报本单位负责人、监理项目部、业主项目部，配合事故调查、分析和处理。

8. 质量管理

（1）质量检查及控制管理。

1）配合各级质量检查、质量监督、质量验收等工作，对存在的质量问题落实闭环整改反馈。及时填写质量检查问题整改反馈单，对监理项目部提出施工存在的质量问题，落实整改，及时填写监理通知回复单。

2）发生质量事件后，现场有关人员应立即向现场负责人报告；现场负责人接到报告后，按规定及时上报本单位负责人、监理项目部、业主项目部。根据事件等级，按规定配合事件调查、分析和处理。

3）按照优质工程建设要求，做好施工现场质量检查，严格工序验收，填写施工记录，加强工程重点环节、工序质量控制。

4）对分包工程实施有效管控，监督分包班组按照工程验收规范、质量验评、标准工艺等组织施工，确保分包工程施工质量。

5）施工中重点检查杆根、拉线、施工机具、施工工艺及施工质量等，确保电杆底盘、卡盘安装、电杆夯实、接地体埋深、焊接工艺、导线弧垂、导线绑扎、接头压接等满足工艺规范要求，并留存数码照片。

（2）标准工艺管理。严格执行现场标准工艺，开展现场自查整改，做好优质工程参评项目施工建设，具体工艺如下：

1）配电站房建筑主体。

a. 工艺规范。

建筑主体位置符合图纸设计、规划审批、标高、检修通道应符合配电土建设计要求。

抗震等级，应根据设防烈度、结构类型和框架、抗震墙高度确定，并按规范要求执行。地面及楼面的承载力应满足电气设备动、静荷载的要求。

地面平整，墙体、顶面无开裂、无渗漏。

建筑物的各种管道不得从配电室内穿过。

b. 施工要点。

室内标高不得低于所处地理位置居民楼一楼的室内标高，室内外地坪高差应大于 0.35m。户外时基础应高出路面 0.2m，基础应采用整体浇筑，内外做防水处理。位于负一层时设备基础应抬高 1m 以上，配电站房净高应大于 3.6m。

配电站房选址时宜建于方便电缆线路进出的负荷中心，站址标高应高于设防水位，不宜设在多尘或有腐蚀性气体的场所，不应设在地势低洼和可能积水的场所。若位于洪涝区域，应加强建筑的防水设计，减少洪涝水位以下的门窗、通气孔等可能进水的面积，必要时增加自动抽水装置。

站应留有检修通道及设备运输通道，并保证通道畅通，满足最大体积电气设备的运输要求。

建筑物应满足"四防一通"（防风雪、防汛、防火、防小动物、通风良好）的要求，并宜装设门禁措施。

水泥标号不小于 C20。

2）防水。

a. 工艺规范。

开关站、配电室屋顶应采取完善的防水措施，电缆进入地下应设置过渡井（沟）（或采取有效的防水措施）并设置完善的排水系统。

墙面、屋顶粉刷完毕，屋顶无漏水，门窗及玻璃安装完好。

电缆、通信光缆施工检修完毕应及时加以封堵。

b. 施工要点。

屋顶宜为坡顶，防水级别为 2 级，墙体无渗漏，防水试验合格，屋面排水坡度不应小于 1/50，并有组织排水，屋面不宜设置女儿墙。

当开关站、配电室设置在地下层时，宜设置除湿机、集水井，井内设两台潜水泵，其中一台为备用；在易发生积水的低洼配电站房内应加装自动抽水系统和水浸烟感系统。

设计为无屋檐的开关站、配电室在风机、窗户、门等易被雨水打入处应加装防雨罩或雨披，且接缝处应进行密封处理，如采用玻璃胶密封接缝。

电缆进线处应做好防渗水、进水措施，做好封堵工作；室内电缆沟（较大的）应设集水坑，以防进水后浸泡电缆；室外电缆沟每隔 50m 设一集水井，做坡度，做渗坑。

3）其他防灾措施。

a. 属于内涝高风险地带的供配电设施，设备基础应考虑抬高措施，原则上要求设备基础面高于防涝用地高程；当设备基础低于防涝用地高程时，应采取可靠排水及防潮等措施防止积水淹没供配电设施。

b. 地面一层及以上公共配电站房应设置水浸装置，地下一层配电站应设置集水坑，宜配置一用一备的潜水泵。

c. 属于内涝高风险地带的供配电设施，可配置洪涝相关的在线监测装置。

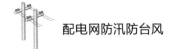

（四）工程验收

1. 验收原则

（1）隐蔽工程应由监理项目部检验合格签证后方可隐蔽，严禁施工项目部私自覆盖工程隐蔽部位，对于私自覆盖的部位应要求重新履行隐蔽验收，验收合格后方可隐蔽，予以签证。

（2）应明确隐蔽验收的主要作业工序及部位，隐蔽工程的范围界定。

（3）根据施工进度，督促施工项目部开展隐蔽工程验收，检查隐蔽工程各工序的《隐蔽工程施工记录》。

（4）对于部分施工周期短、工作内容简单的工程，三级自检、监理初检、中间验收与竣工验收，可视具体情况合并实施。

2. 验收计划

（1）施工方应按要求编制分部试运计划和分部试运方案，并在试运开始前一个月提交工程项目部。

（2）施工经理组织施工、监理、调试、设计、制造、生产运行等方面人员讨论审查，项目总工批准后实施。

3. 验收职责

工程项目部配合业主进行启动验收和试运行的协调和管理；由项目法人组织工程的竣工验收、启动和考核工作；施工经理在项目经理领导下参加工程分部试运启动验收的协调和管理工作。

4. 验收工作内容和方法

（1）验收工作内容。

1）工程已通过监理组织的预验收，并将预验收发现问题已整改完毕（至少遗留问题不影响试运行）。

2）成立启动验收委员会。

a. 启委会由建设项目法人或相关电网院组织成立，由各投资方、建设项目法人、工程项目部、质量监督站、监理、设计、施工、调试、生产、电网调度等有关单位和部门的代表参加。

b. 启委会设主任委员 1 名，副主任委员和委员若干名。一般由业主或相关电网公司基建副总工任主任委员，各投资方、总承包或项目管理单位、质监、监理、生产运行及施工方的代表委员。

　　c. 启委会负责审议并决策启动验收阶段的重大事项，全面指导工程的启动验收，检查现场的文明启动条件、安全、消防以及环境保护措施，对重大技术问题进行决策。

　　d. 启委会在启动验收前组成，办完移交投运手续后自动停止工作。

　　3）成立启动试运组。在启委会领导下成立启动试运组，并下设生产准备组、验收检查组、启动指挥组等工作机构。

　　（2）验收工作方法。

　　1）工程竣工验收检查是在施工方进行三级自检的基础上，一般在工程质量监督部门检查后进行，由监理单位主持工程预验收。预验收由项目管理单位、工程监理、设计、施工等单位参加，项目管理单位视工程具体情况可作为项目管理单位竣工验收（初验）。工程监理提供预验收报告、项目管理单位提交初验收报告后交工程启委会验收，由工程启委会检查组进行全面的检查和核查，必要时抽检和复检，并将结果向启委会报告。

　　2）每次检查中发现的问题在每个阶段中加以消缺，并提交书面缺陷处理清单，明确缺陷处理人、验收人、时间，消缺之后要重新检查。

　　3）竣工验收程序。

　　a. 听取参建各单位的工作报告；

　　b. 审查建设工程各个环节验收情况，审阅工程竣工档案资料；

　　c. 实地查验工程并对工程质量进行评估、鉴定；

　　d. 形成工程竣工验收会议纪要；

　　e. 签署工程竣工验收报告；

　　f. 对遗留问题做出处理决定。

　　4）验收前工程自检、消缺、收尾、施工资料移交等准备工作按照以下要求进行：

　　a. 组织工程自检工作，相关人员对检查出的施工质量缺陷问题进行处置。逐项列出编成清单及时组织人力进行具体处置修理、并形成消缺记录，由项目经理审签；

b. 组织施工现场的最终收尾和移交工作，其中包括现场的永久封闭与工程试运后施工成果的保护。项目经理根据文明施工和环保要求监督、检查各施工分承包方；

c. 组织施工阶段相关资料的整理、移交，编制和完善工程质量的评定标准和质量评定数据表格，作为验收前必不可少的资料准备工作。

5）召开启委会会议。

a. 会议的主要议程；

b. 视察现场（必要时）；

c. 听取并审议施工、调试、设计、监理、生产运行等单位关于启动准备工作情况的汇报；

d. 听取质监中心站对启动前的检查评审意见；

e. 审查并批准启动方案；

f. 主任委员作总结报告，宣布启动的时间和其他有关事宜。必要时安排下次启委会会议。

6）在启委会领导下，实施启动验收工作，项目经理、项目总工、调试经理、施工经理参加。

7）当完成按国家有关启动验收工作规定的各项任务，实现试运要求时，由主任委员宣布完成试运并进入试生产（或投产）阶段。

8）按"启规"要求，办理移交试生产（或投产）的签字手续。

5. 验收记录

启动验收中所有的记录，一律按照国家、行业有关规程、规定办理。

第五章

运 维 及 改 造

　　配电网的洪涝和台风灾害具有一定的季节性，应考虑各区域的灾害特点，制订差异化巡视维护方案，及时消除杆塔、拉线及配电设备存在的灾损隐患，以降低发生洪涝和台风灾害时的灾损程度。与此同时，在每次配电网洪涝和台风灾害之后，及时进行灾损类型和成因分析，有针对性地提出配电网防涝防台改造措施，对提高配电网的防涝防台能力具有重要意义。

第一节　防洪涝运维

一、巡视管理

1. 巡视制度

巡视管理分为汛前巡视、汛期巡视和汛后巡视三个阶段。

（1）汛前巡视。汛前应对配电站房及线路杆塔可能发生洪涝及地质灾害部位进行全面检查，特别应该对上一年汛后检查中提出的整改项目落实情况进行检查，并写出检查报告，对尚存在的危险部位应有处理措施和预防办法。

（2）汛期巡视。汛期区每场暴雨（日雨量达 50mm 以上）过后，供电公司生产部门应分别组织对配电站房及线路杆塔可能发生洪涝的区域进行全面巡查，发现危险点，应及时落实隔离措施，划定警戒区域，设立告示牌，并组织应急处理。

（3）汛后巡视。汛后应再次对可能存在洪涝的部位进行详细检查，并写出巡视报告,报告中应明确需采取工程措施的部位、范围、处理方案及处理期限。

2．巡视准备

开展巡视前,应充分评估汛情,并与地方政府防汛办配合,制订防洪涝巡视方案,巡视方案中应明确规定巡视内容、巡视装备、巡视计划、巡视方式、巡视线路区段、巡视人员安排及巡视注意事项等。

(1)根据巡视方案确定防洪涝巡视工作负责人、巡视人员并划分巡视小组。

(2)备齐巡视装备,并配发至各巡视小组,应注意确保各类药品、防雨鞋帽、车辆、通信设备均能正常使用。

(3)组织对全体防洪涝巡视人员进行安全技术交底,根据巡视方案及相关技术标准交代天气变化情况、巡视内容、巡视区段、巡视注意事项和安全措施等。

3．巡视安全

巡视安全要领是强化安全意识,电力公司在组织运维人员进行防汛巡视时,必须要强化人员的安全意识,有洪涝风险的地区通常伴随着山体滑坡等地质灾害,因此夜间外出巡视时除携带必要抢修工具外,还要保持通信通畅,以便及时通报险情和发生人身受到伤害时及时呼救,并严格执行配电网防汛安全巡视的"五要六步五禁":

(1)五要:

1)要有完整准确的设备图纸、台账资料。

2)要有经批准的巡视作业指导书(卡)。

3)要有合格、齐备的劳动防护用品和安全工器具。

4)夜间巡视要有足够照明。

5)进入配电站房巡视时要有防止误入带电间隔的安全防护设施。

(2)六步:

1)布置巡视任务,明确巡视目的。

2)开展危险点分析,制订风险预控措施。

3)认真检查个人工器具和劳保防护用品。

4)巡视人员到达指定地点,清点人数,分配巡视范围。

5）按作业指导书逐项巡视检查，在保证安全的前提下处理发现的缺陷。

6）巡视后做好巡视记录，填报设备缺陷，汇报异常情况。

（3）五禁：

1）严禁超越巡视作业内容、范围进行其他作业。

2）强对流天气下严禁在偏僻山区或夜间进行巡视。

3）严禁单人开展巡视。

4）严禁雷雨、大风天气或事故巡线未穿绝缘鞋或绝缘靴。

5）严禁夜间巡视沿线路内侧行进或大风时巡线沿线路下风侧行进。

4. 巡视内容

架空线路巡视应重点查看沿河道堤岸的架空线路基础是否牢固，针对无法搬迁的站所，检查小区地下室进出口处挡水板是否设置到位，配电站房挡水墙、墙体、门窗孔洞防水封堵情况等，如图5-1所示。

图5-1　防水挡板及挡水墙

二、设施维护

配电站房防汛设施维护主要包括一般性消缺、防水挡板检查、抽水装置保养、带电测试、设备外观检查，架空线路设施维护包括临近带电体修剪树（竹）、清除异物、拆除废旧设备、清理通道、拉线修复等工作。

1. 一般规定

配电网设备维护的一般规定主要有以下几个方面：

（1）明确维护工作内容和范围，落实人员责任，加强工作质量的监督、检查与考核。

（2）根据配电设备状态评价结果和反事故措施要求，编制年度、月度、周维护工作计划，并根据上级批准的计划组织实施。

（3）维护工作应纳入 PMS、GIS 等信息系统管理。

（4）定期开展维护统计、分析和工作总结，提高维护工作质量。

（5）对设备运行环境差、存在地下渗水的配电站房进行迁移，针对半地下室及地下渗水的配电站房需立即组织人员进行排查，有针对性地提出改造方案。

2. 架空线路的维护

架空线路通道维护的主要内容：

（1）清除威胁线路安全的蔓藤、树（竹）等异物，防止洪涝灾害下树竹异物破坏杆塔。

（2）修复铁塔、钢管杆、混凝土杆接头修饰、变形倾斜和混凝土杆表面老化、裂缝。

（3）补装、紧固塔材螺栓、非承力缺失部件。

（4）清除导线、杆塔本体异物。

（5）盐、碱、低洼地区混凝土杆根部定期开挖维护。

（6）补全、修复浸泡锈蚀或损坏拉线警示标示。

（7）修复拉线棒、下端拉线及金具锈蚀。

（8）修复拉线埋深不足和基础沉降。

3. 配电站房设施维护

（1）清除柜体污秽、修复锈蚀、油漆剥落的柜体。

（2）定期开展开关柜局部放电测试。

（3）清理站内外杂物，修缮平整运行通道。

（4）修复破损的遮护栏、门窗、防护网、防小动物挡板等。

（5）修复锈蚀的箱体及站所外体。

4. 电缆线路维护

（1）修复破损的电缆隧道、排管包封、工井、井盖。

（2）加固保护管沟，调整管沟标高。

（3）清除电缆通道、工井、检修通道、管沟堆积的杂物。

（4）修复有轻微破损的外护套、接头保护盒。

（5）清除电缆分支箱柜体污秽，修复锈蚀、油漆剥落的柜体。

5. 防汛物资维护

（1）对站内配置的便携式水泥泵、混水泵等进行汛前检查维护，测试功能是否完好。

（2）移动升降照明设备、防水手电、头灯等照明设备保养。

（3）防汛沙袋、防雨布、吸水膨胀袋等防渗堵漏材料是否供应充足。

（4）卫星电话调试功能是否正常。

（5）雨靴、雨衣、连衣雨裤、救生衣等个人装备按防汛工作人数供应。

（6）确保发电机、电源盘等辅助物资完好无损。

6. 排涝泵维护

防汛柴油抽水泵是防汛物资的重要设备，为确保抽水泵在汛期时能正常运行，抽水泵维护规定如下：

（1）柴油抽水泵的巡视检查。

1）检查各油管管道接头、阀门和油箱有无渗漏油。

2）检查油箱油位是否满足要求。

3）检查抽水泵各阀门、启动开关是否紧固。

4）检查油门、停机开关能否活动自如。

5）抽水泵长期未使用，至少每月试运行一次，运行时间为 30s～1min。

6）操作各阀门活动时必须用力均匀，严禁冲力操作。

7）柴油抽水泵启动运行时要观察供油油位及运行声音是否正常。

8）启动试运行前必须检查水箱水位是否满足要求。

9）检查进水、出水管是否有损坏。

（2）蓄电池检查充电规定。

1）检查蓄电池外表面是否有损坏，蓄电池有无渗漏液体。

2）用万用表测量蓄电池电压，如果蓄电池电压低于 12V 就必须充电。

3）每次充电时间约 3h，充电过后须再次测量电池电压，电池电压不得低于 12V。

4）禁止在充电过程中紧固连接线及螺帽等，禁止将扳手等工具放在电池上。

5）充电时必须分清充电器的正、负极，然后对应固接在蓄电池的正、负极上。

（3）抽水泵的维护保养。

1）保持泵房和设备清洁，每月全面清扫一次。

2）各阀门螺杆加黄油，保持亮洁无锈。

3）油箱清洗每年进行一次。

4）发生设备故障及时向部门领导报告。

三、防洪涝检查

1. 检查原则

开展防洪涝检查，应贯彻执行行业防涝有关标准、规程、制度规定，建立配电站房、架空线路等防洪工作网络，编制适应本地区的防洪涝巡视工作方案，内容主要包括组织机构（领导小组、办公室、洪涝监视组、电网运行组、有序用电组、电网抢修组、信息情报组、物资供应组、现场安全保障组、对外联络组、后勤保障组）及其职责、防洪涝的目标任务、工作计划、重点区段及责任分工、应急预案等。

（1）安全第一，强化巡视检查的安全意识。"安全第一"是防洪涝巡视的基本原则，应事先计划好巡视路线、时间安排、注意事项等，并设置安全监督责任人，保证经常性示警，并配备深筒胶鞋、雨衣，防止被碎玻璃或异物扎伤、划伤。

（2）高度重视，提前做好预警防范部署工作。电力公司应高度重视未来一段时间内将再度发生的强降雨过程和可能对配电网设备造成的灾害性影响，进一步加强与气象、国土资源等部门的沟通和配合，及时掌握气象预报和地质灾害预测等信息，在险情来临之前及时发布预警通知，提前部署，督促有关方面提早做好防范和应对工作。

（3）突出重点，进一步落实防范措施。一是认真做好配电站房防洪排涝巡视，强降雨天气来临前，应重点加强对配电站房排水设施的巡视检查，及时疏通排水管渠，保证各类排涝机电设备的安全正常运转；二是加强架空线路的地质灾害防御巡视，加强对地处山坡、临近挡土墙、建筑边坡等地安全巡查，并采取相应的防范措施；三是对配电网设备安全状况巡视排查，特别是加强对拉线、杆塔基础等检查，及时发现和消除隐患。

（4）加强值守，做好信息报送和应急处置工作。各地供电公司和有关单位要认真落实汛期值班和信息报告制度，安排领导带班和专人值班，确保信息畅通，对发生的各类突发事件或重大异常情况，要及时上报。做好应急准备工作，制定和完善相关应急预案，落实抢险措施、物资和队伍，及时妥善处置各类突发事件。

2. 检查内容

汛前供电公司应对防汛工作进行检查，明确配电设施防汛管理及工程技术措施，并根据设计标准和要求，重点检查配电设施的实际防洪能力，对达不到设计标准和要求的，应制订相应的防汛应急预案、处理措施及改造计划。供电公司、配电站房、架空线路的检查内容见表5－1～表5－3。

表5－1　　　　　　　　　供电公司防洪涝检查内容

检查项目	是否满足要求	问题及措施
1. 组织体系与责任制		
1.1　防汛领导小组、防汛办公室、抗洪抢险队		
1.2　防汛任务、当前防汛工作目标和计划		
1.3　明确与落实各级防汛工作岗位责任制		
2. 防汛规章制度		
2.1　上级有关部门的防汛文件		
2.2　防汛应急预案、抗洪抢险工作制度		
2.3　灾情和损失统计与报告制度		
3. 配电网设施防汛惯例及工程技术措施		
3.1　配电站房、线路杆塔基础等重要设施的防汛资料档案		
3.2　配电站房及开闭所等生产用地的防雨、防洪、防渍设施		
3.3　架空线路的杆塔基础、拉线、护坡、排水沟、巡线道等的隐患及其整改措施		
3.4　电缆沟渗漏情况及其排水和防倒灌措施		
3.5　重要用户双电源供电安全可靠		

检查项目	是否满足要求	问题及措施
4. 生活及办公区域防汛		
4.1 工程项目部及材料库应设在具有自然防汛能力的地点,建筑物及构筑物具有防淹没、防冲刷、防倒塌措施		
4.2 生活及办公区域的排水设备与设施应可靠		
4.3 低洼地的防水淹措施和水淹后的人员转移方案		
5. 防汛物资与后勤保障		
5.1 防汛物资和设备储备充足、可用、安全可靠,台账明晰,专项保管		
5.2 防汛交通、通信工具应确保处于完好状态		
5.3 有必要的生活物资和医药储备		
6. 与地方防汛部门联系协调		
6.1 按照惯例权限接受防汛指挥部门的调度指挥,落实地方政府的防汛部署,积极向有关部门汇报有关防汛问题		
6.2 加强与气象、水文部门的联系,掌握气象和水情信息		
6.3 按规定建立与当地政府防汛指挥部门及上下游的联系制度		

表 5-2 配电站房及开闭所防洪涝检查表

配电站房(开闭所)名称		电压等级(kV)	
设计标准地面高程		实际地面高程	
控制线路			

序号	检查内容	检查结果	问题及措施
1	防汛资料档案		
2	汛前自查及检查整改完成情况		
3	上级有关部门的防汛文件		
4	排水设施与排水能力		
5	场地孔洞及紧急封堵措施		
6	电缆沟渗漏及其排水		
7	防洪水淘刷与侵蚀能力		
8	围墙、挡墙和护坡的稳定性		
9	汛期未完工配电站房度汛措施		
10	通信与交通工具		
11	防洪水、防暴雨、防倒灌预案		
12	防汛物资储备与管理		

序号	检查内容	检查结果	问题及措施
13	重要用户供电事故预案		
14	设备抢修与人员转移预案		
15	防汛设备平面图、人员转移路线图、排水系统图		
16	指挥、联络网络图		

表 5-3　　　　　　　　　　供电线路防洪涝检查表

线路名称		电压等级（kV）	
设计标准地面高程		实际地面高程	
线路长度		杆塔基数	
不满足标准的杆塔			
重要用户			
重点防护杆塔			

序号	检查内容	检查结果	问题及措施
1	防汛资料档案		
2	线路地理标识		
3	杆塔拉线与塔身受损情况		
4	行洪区域或险工、险段杆塔状况		
5	杆塔拉线与根部情况		
6	杆塔基础稳定性及其抗洪水淘刷能力		
7	汛期未完工杆塔度汛措施		
8	防雷绝缘检查测试		

四、消缺管理

电力公司应制订缺陷及隐患管理流程，对防洪涝检查过程中发现的缺陷及隐患的上报、定性、处理、验收等环节实行闭环管理，并建立缺陷管理台账，及时更新核对，保证台账与实际相符，消缺管理资料应归档保存，如图 5-2

图 5-2　消缺管理流程

所示。电力公司应结合防洪涝检查开展缺陷统计分析工作，及时掌握缺陷消除情况和缺陷产生的原因，有针对性地采取相应措施。

1. 架空类设备消缺管理

架空类设备主要包括杆塔、导线、绝缘子、金具、拉线、通道等部件，根据洪涝对架空设备的灾损机理，对杆塔埋深、拉线松紧、通道保护距离等状态量进行消缺管理，具体见表 5-4。

表 5-4　　　　　　　　　　架空类设备消缺管理

部件	状态量	消缺内容
杆塔	埋深	发现杆塔埋深不足应重新施工保证埋深符合要求，其中单杆埋深要求为：10m 杆 1.7m，12m 杆 1.9m，15m 杆 2.3m
	倾斜度	发现杆塔倾斜应进行扶正，保证单根水泥杆倾斜度（包括挠度）小于 1.5%，双杆迈步不大于 30mm；对于铁塔倾斜度要求小于 0.5%（适用于 50m 及以上高塔）或小于 1.0%（适用于 50m 以下高度铁塔）
	裂纹	易涝区域的架空线路杆塔发现有裂纹的杆塔应进行局部修复，其中杆塔有纵向裂纹应进行更换，横向裂纹不超过 0.2mm、长度不超过周长 1/3 的可进行局部修复处理
	基础防护	河道转弯处、水田软土等地质杆塔基础应进行基础加固处理
	沉降	易涝地区发现杆塔基础沉降应重新施工，保证基面平整，基础周围的土壤无突起
拉线	腐蚀	有腐蚀现象的拉线进行更换处理，防护部位为自地下 500mm 至地上 200mm 处涂沥青，缠麻袋片两层，再刷防腐油
	松紧	发生松弛应重新用镀锌铁线（钢线卡子）与主拉线绑扎固定。拉线回尾绑扎长度为 8~10cm，端部留头 3~5cm
通道	保护距离	对线路通道保护区内堆积物、垃圾等进行清理，防止洪涝状态下牵扯拉线导致倒断杆

2. 配电站房类设备消缺管理

配电站房类设备防洪涝消缺主要是针对开关柜本体绝缘性能、配电站房建筑主体防水等级、管沟预埋情况等缺陷进行处理，具体见表 5-5。

表 5-5　　　　　　　　　　配电站房类设备消缺管理

部件	状态量	消缺内容
开关柜	绝缘电阻	绝缘电阻标准为不小于 300MΩ（20℃），同时与历史数据比对，降低超 10%应对开关进行检查更换

续表

部件	状态量	消缺内容
开关柜	交流耐压	端口 42kV、合闸 30kV 交流耐压 1min，若发生绝缘击穿应进行更换
	分合闸操作	对存在误分合操作的查明原因，对损坏的部件进行更换
配电站房建筑	地面及墙体	对地面、墙体开裂、渗漏进行处理，基础采用整体浇筑，内外做防水处理，易被雨水打入处应加装防雨罩或雨披，且接缝处进行密封处理，如采用玻璃胶密封接缝
	低洼地带	低洼地带的配电站房减少门窗、通气孔的进水面积
	小动物防护	对小动物破坏的门窗、墙体进行修补，对不锈钢菱形网进行修复
门窗	门窗检修	门窗检修，在拆除旧门窗过程中应注意与带电体保持足够安全距离，旧门窗（整体或局部）拆除后、未修复前，应防止闲杂人员、小动物进入
管沟	防水	管沟做好防渗水、进水措施，做好封堵工作；室内电缆沟（较大的）设集水坑，以防进水后浸泡电缆；室外电缆沟每隔 50m 设一集水井，做坡度，做渗坑

第二节　架空线路防洪涝改造

一、改造管理

架空线路防洪涝改造，应综合考虑地区防灾经验，按照全寿命周期费用最小的原则，区分配电网设施的重要程度，结合线路杆段和配电装置所处的地形地貌与典型灾损，坚持"避开灾害、防御灾害、限制灾损"的防汛策略，遵循"以防为主、防抗结合、科学应对"的防汛原则，采取安全可靠和经济适用的措施，提高架空线路防御洪涝和地质灾害的能力，减少灾害损失和停电。

二、路径优化

1. 加大线路路径和杆塔定位的设计深度

应培训提高相关设计人员对洪涝水位的调查能力以及灾害位置的辨识能力，位于灾害位置的配电线路杆位应在实际地形图上标注，加强线路路径选择和杆塔定位的控制，提高选线和定位质量。

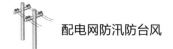
2. 线路路径及杆位应尽可能避开不良地质和灾害位置

线路经过山区时，应避开陡坡、悬崖峭壁、不稳定岩石堆、滑坡、崩塌区、泥石流等不良地质地带。当线路与山脊交叉时，应尽量从平缓处通过。杆塔位置不宜设置在土质深厚的陡坡（尤其是浅根系植被和汇水山坳的陡坡）的坡边、坡腰和坡脚，道路外侧不稳定土质陡坎；线路走廊应避开陡坡坡脚塌方倒树范围。

三、杆体加固

10kV 架空线路杆塔和线路应与危险体边缘保持足够距离，受现场条件限制无法保证安全距离时，可采用跨越或电缆敷设方式；线路耐张段长度不应超过 500m；原则上直线水泥杆应至少每 5 档采用 1 基钢管杆或窄基塔；杆塔应采用自立式杆塔（无拉线杆塔），应采用 N 级及以上非预应力钢筋混凝土杆（也可试用复合材料电杆），且应根据地质情况配置基础；转角、耐张和 T 接处等关键节点位置，宜采用钢管杆（铁塔）。

四、基础加固

1. 基础加固总体要求

一类土质（沙地、滩涂、农田等软基地质）下，水泥杆应按优先次序采用台阶式或套筒无筋式（含有底盘）基础型式。

二、三类土质（硬质地）下，梢径 190mm 及以下水泥杆采用原状土掏挖直埋式的基础型式（其中双回路及以上应配置卡盘和底盘），梢径 230mm 及以上水泥杆基础应采用套筒无筋式（含有底盘）、套筒式（含有底盘）或台阶式基础型式。

四类及以上土质下，水泥杆基础可采用原状土掏挖直埋式的基础型式。

2. 杆塔基础型式选取

参照《国家电网公司配电网工程典型设计（2016 年版）》，对实际应用的杆塔基础型式进行了明确，杆塔基础型式推荐见表 5-6。

表 5-6　　　　　　　　　　　　杆塔基础型式推荐表

土的分类	土的名称	现场鉴别方法	水泥杆				窄基塔		钢管杆		
			直埋式	套筒式	套筒无筋式	台阶式	台阶式	灌注桩	台阶式	灌注桩	钢管桩
一类土（松软土）	砂土、亚砂土、冲击砂土层、种植土、泥炭（淤泥）	能用锹、锄头挖掘			√	√	√	√	√	√	√
二类土（普通土）	亚黏土，潮湿的黄土，夹有碎石、卵石的砂，种植土，填筑土及砂土	能用锹、锄头挖掘，少许用镐翻松			√	√	√	√	√	√	
三类土（坚土）	软及中等密实土，重亚黏土，粗砾石，干黄土及含碎石、卵石的黄土，亚黏土，压实的填筑土	主要用镐，少许用锹、锄头挖掘，部分用撬棍	√	√	√				√		
四类土（砂砾坚土）	重黏土及含矿石、卵石的黏土，粗卵石，密实的黄土，天然级配砂石，软泥灰岩及蛋白石	整个用镐、撬棍，然后用锹挖掘，部分用楔子及大锤	√				√	√	√	√	
五类土及以上（软石、坚石）	硬石灰及纪黏土，中等密实的页岩、泥灰岩、白垩土，胶结不紧的砾岩，软的石炭岩	用镐或撬棍、大锤挖掘，部分使用爆破方法	√				√	√	√	√	

注　当台阶式和其他基础型式都可选用时，应优先选用台阶式。

第三节　配电站房防涝改造

一、改造管理

按照全寿命周期费用最小的原则，区分配电网设施的重要程度，结合配电装置所处的地形地貌和历史灾损、当地用地高程等情况，依照"避开灾害、防御灾害、限制灾损"的次序，采取防灾差异化设计措施，加强防灾设计方案的技术经济比较，提高配电网防灾的安全可靠性和经济适用性。

对于易涝地下站房，通常采取搬迁改造的方式，该方式需要协同政府部门，

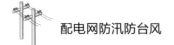

按照"分工合作、及时协调"的方式展开。其运作模式通常是：土建建设由政府出资，电气建设由供电企业出资，由地区房管局代表政府统一协调相关部门，及时处理搬迁过程中遇到的问题和困难。

供电企业应提早无缝衔接介入，指定专人第一时间介入土建验收、整改，推进方案设计、现场勘查、施工组织等关键环节，确保土建完工电气即进场施工，实现无缝衔接。

二、站址优化

对于易涝地下配电站房，应因地制宜制订搬迁改造方案，通常采用以下原则：① 具备整体搬迁要求的站所：搬迁至地势较高的位置；② 部分搬迁站所：搬迁高压部分+应急供电接口；③ 无法搬迁站所：防涝改造。

对于采取搬迁或新建方式的配电站房，其站房选址应参照以下几点：

1. 设防标准

防涝用地高程选取应符合下列规定：① 在城市防洪堤内时，防涝用地高程取城市内涝防治水位；② 在城市防洪堤外时，防涝用地高程取当地内涝防治水位和当地历史最高洪水位的大者。

2. 生命线用户和重要电力用户站房位置

省市机关、防灾救灾、电力调度、交通指挥、电信枢纽、广播、电视、气象、金融、计算机信息、医疗等生命线用户和重要电力用户，其配电站房应设置在地面一层及一层以上，且必须高于防涝用地高程。

3. 公共网络干线节点设备

开关站、配电室、环网箱（室）等 10kV 公共网络干线节点设备应设置在地面一层及一层以上便于线路进出的地方，必须高于防涝用地高程。

易涝地区，不宜采用箱式变电站，宜采用电缆进出的柱上变压器；受条件限制，当采用箱式变电站时，应选用美式油浸式箱式变电站，且基础应高于防涝用地高程，同时应加强低压室和高压电缆终端附件的防水性能。

4. 重要负荷用电设施

电梯、供水设施、地下室常设抽水设备、应急照明、消控中心等重要负荷的配电设施，应设置在地面一层或一层以上且位于移动发电机组容易接入的位置，并设置应急用电集中接口，以保证受灾时通过发电快速恢复供电。

5. 其他配电站房（配电站房和备用发电机房）

室外地面±0.00 标高低于当地防涝用地高程或当地历史最高洪水位的配电站房和备用发电机房，应设置在地面一层及以上，其室内地面高程应高于当地防涝用地高程。

6. 其他情况

配电站房宜设置在地面一层及以上，当建设条件受限，无法建设在地面一层及以上的，建筑物有地下二层或有地下多层时，且满足下列要求，配电站房和备用发电机房可设置在地下一层：

（1）10kV 配电设备所在平面应高于防涝用地高程及地下一层的正常标高。

（2）地下二层的层高不低于 2.2m，且建筑面积不应小于地下一层。

（3）地下室的出入口、通风口的底标高应高于室外地面±0.00 标高及防涝用地高程。

（4）电缆进出口应按终期进出线规模预留，其进出线预埋管应符合 GB 50108 的要求。

（5）编制配电站房和备用发电机房的正常运行的防洪涝、通风及灾害停电应急措施。

三、土建部分防涝改造

易涝配电站房的土建部分的防涝改造可参照以下几点：

（1）地下室出入口、通风口、排水管道、电缆管沟、室内电梯井、楼梯间等易进水位置，应增设防止涝水倒灌的设施。

（2）地下室出入口应设置闭合挡水槛或防水闸，地下室配电站房的门应设置挡水门槛。

（3）地下室出入口截水沟不应与地下室排水系统连通，应设置独立排水系统。

（4）配电站房的电缆沟、电缆夹层和电缆室应采取防水、排水措施。

（5）配电站应设置集水坑，宜配置一用一备的潜水泵。

（6）住宅小区重要负荷（电梯、供水设施、地下室常设抽水设备、应急照明、消控中心等电梯、供水设施、地下室常设抽水设备、应急照明、消控中心等）的供电设施应设置在地面一层或一层以上且移动发电机组容易接入的位置。

四、电气部分防涝改造

易涝地区，不宜采用箱式变电站，宜采用电缆进出的柱上变压器；受条件限制，当采用箱式变电站时，应选用美式油浸式箱式变电站，且基础应高于防涝用地高程，同时应加强低压室和高压电缆终端附件的防水性能。

电梯、供水设施、地下室常设抽水设备、应急照明、消控中心等重要负荷的配电设施，应在地面一层或一层以上设置应急用电集中接口，以保证受灾时通过发电快速恢复供电。

存在内涝风险的开关站设备选型：优先选用气体绝缘金属封闭式开关柜，其整体防护等级不应低于 IP3X，气箱防护等级不应低于 IP67，电动操动机构及二次回路封闭装置的防护等级不应低于 IP55。受条件限制，采用金属铠装移开式开关柜时，其柜门关闭时防护等级不应低于 IP41，柜门打开时防护等级不应低于 IP2X。

存在内涝风险的环网室设备选型：优先选用共箱型气体绝缘柜，其整体防护等级不应低于 IP3X，气箱防护等级不应低于 IP67，电动操动机构及二次回路封闭装置的防护等级不应低于 IP55。

存在内涝风险的环网箱设备选型：优先选用全绝缘全密封共箱型气体绝缘柜，其柜门关闭时防护等级不应低于 IP43，柜门打开时防护等级不应低于 IP2X，气箱防护等级不应低于 IP67，电动操动机构及二次回路封闭装置的防护等级不应低于 IP55。不应在环网箱箱体下侧设通风窗。

存在内涝风险的配电室设备选型：优先选用气体绝缘柜，其整体防护等级不低于 IP3X，气箱防护等级不应低于 IP67，电动操动机构及二次回路封闭装置的防护等级不应低于 IP55。

第四节 防台风运维

一、巡视管理

1. 巡视制度

运维单位应结合配电网设备、设施运行、状况和气候环境变化情况以及上级运维管理部门的要求，编制计划，合理安排，开展巡视工作，巡视工作分为日常巡视、灾前巡视、灾后巡视。

（1）日常巡视。由配电网运维人员进行，以掌握配电网设备、设施的运行状况、运行环境变化情况为目的，及时发现缺陷和威胁配电网安全运行情况的巡视。

（2）灾前巡视。台风来临前，针对有外力破坏可能、重要保电任务、设备带缺陷运行或其他特殊情况下由运维单位组织对设备进行的重点巡视。

（3）灾后巡视。台风发生后，由管理人员组织的针对快抢快建、工程质量、运维效率等工作巡视。

2. 巡视内容

（1）巡视检查辖区的天气情况、地形地貌、植被变化等基本信息，收集区域附近气象台站位置，进行风向、风速等数据观测。

（2）有无可能被风刮起危及线路安全的物体（如金属薄膜、广告牌、风筝等）。

（3）防护区内栽植的树竹情况及导线与树竹的距离是否符合规定（见表5-7、表5-8），有无蔓藤类植物附生。

表5-7　　　　　　　　架空线路导线间的最小允许距离　　　　　　　　　　　m

档距	40 及以下	50	60	70	80	90	100 及以上
裸导线	0.6	0.65	0.7	0.75	0.85	0.9	1.0
绝缘导线	0.4	0.55	0.6	0.65	0.75	0.9	1.0

注　考虑登杆需要，接近电杆的两导线间水平距离不宜小于 0.5m。

表 5-8　　　　　　　　架空导线与其他设施的安全距离限制　　　　　　　　m

项目		最小垂直距离	最小水平距离
对地距离	居民区	6.5	—
	非居民区	5.5	—
	交通困难区	4.5（3）	—
与建筑物		3.0（2.5）	1.5（0.75）
与行道树		1.5（0.8）	2.0（1.0）
与果树、经济作物、城市绿化、灌木		1.5（1.0）	—

注　1. 垂直（交叉）距离应为最大计算弧垂情况下；水平距离应为最大风偏情况下。
　　2. 括号内为绝缘导线的最小距离。

（4）线路附近有无射击、放风筝、抛扔杂物、飘洒金属和在杆塔、拉线上拴牲畜等。

（5）杆塔是否倾斜、位移，杆塔偏移线路中心不应大于 0.1m，混凝土杆倾斜不应大于 15/1000，铁塔倾斜度不应大于 0.5%（适用于 50m 及以上高度铁塔）和 1.0%（适用于 50m 以下铁塔），终端杆不应向导线倾斜，向拉线侧倾斜应小于 0.2m。

（6）混凝土杆不应有严重裂纹、铁锈水，保护层不应脱落、疏松、钢筋外露，混凝土杆不宜有纵向裂纹，横向裂纹不宜超过 1/3 周长，且裂纹宽度不宜大于 0.5mm；焊接杆焊接处应无裂纹，无严重锈蚀；铁塔（钢杆）不应严重锈蚀，主材弯曲度不应超过 5/1000，混凝土基础不应有裂纹、疏松、露筋。

（7）基础有无损坏、下沉、上拔，周围土壤有无挖掘或沉陷，杆塔埋深是否符合要求。

（8）基础保护帽上部塔材有无被埋入土或废弃物堆中，塔材有无锈蚀、缺失。

（9）基础有无损坏、下沉、上拔，周围土壤有无挖掘或沉陷，杆塔埋深是否符合要求。

（10）基础保护帽上部塔材有无被埋入土或废弃物堆中，塔材有无锈蚀、缺失；导线有无断股、损伤、烧伤、腐蚀的痕迹；绑扎线有无脱落、开裂；连接线夹螺栓是否紧固、有无跑线现象；7 股导线中任一股损伤深度不应超过该股导线直径的 1/2；19 股及以上导线任一处的损伤不应超过 3 股。

（11）三相弛度是否平衡，有无过紧、过松现象，三相导线弛度误差不应超过设计值的－5%或+10%，一般档距内弛度相差不宜超过50mm。

（12）导线连接部位是否良好，有无过热变色和严重腐蚀，连接线夹是否缺失。

（13）跳（档）线、引线有无损伤、断股、弯扭。

（14）导线上有无抛扔物。

（15）拉线有无断股、松弛、严重锈蚀和张力分配不匀等现象，拉线的受力角度是否适当，当一基电杆上装设多条拉线时，各条拉线的受力应一致。

（16）跨越道路的水平拉线，对地距离符合，对路边缘的垂直距离不应小于6m，跨越电车行车线的水平拉线，对路面的垂直距离不应小于9m。

（17）拉线棒有无严重锈蚀、变形、损伤及上拔现象，必要时应作局部开挖检查；拉线基础是否牢固，周围土壤有无突起、沉陷、缺土等现象。

（18）拉线绝缘子是否破损或缺少，对地距离是否符合要求。

（19）拉线的抱箍、拉线棒、UT型线夹、楔形线夹等金具铁件有无变形、锈蚀、松动或丢失现象。

二、设施维护

1. 架空线路维护

（1）架空线路的防护区是为了保证线路安全运行和保障人民生活正常供电而设置的安全区域，即导线两边线向外侧各水平延伸5m并垂直于地面所形成的两平行面内；在厂矿、城镇等人口密集地区，架空电力线路保护区的区域可略小于上述规定，但各级电压导线边线延伸的距离，不应小于导线边线在最大计算弧垂及最大计算风偏后的水平距离和风偏后距建（构）筑物的安全距离之和。

（2）运维单位需清除可能影响供电安全的物体时，如修剪、砍伐树（竹）及清理建（构）筑物等，应按有关规定和程序进行；修剪树（竹），应保证在修剪周期内树（竹）与导线的距离符合要求。

（3）针对铁塔、钢管杆、混凝土杆接头锈蚀、变形倾斜、混凝土杆表面老化、裂缝进行修复。

（4）配电线路转角横担要根据受力情况，15°以下采用单横担，15°～45°采用双横担，45°以上应采用十字横担。达不到以上要求的要进行维护整改。

（5）对已发生倾斜的杆塔进行扶正，将电杆用叉杆及临时拉线、临时地锚固定好后进行干坑开挖，如果有卡盘，应将卡盘上方和边缘的土清除，使卡盘不受力，以免在牵引时造成倒杆事故，把水泥杆校正后，向杆缝充填沙土，经校正无误后，进行电杆回填沙土工作，回填沙土要夯实，然后松开牵引绳。

（6）受外力影响导致导线损伤，为了操作简便，断线、断股、松股截面小于规定要求（铝股面积25%以下）时，采用预绞式接续、绑扎补强以及专用液压设备修复。损伤截面大于规定要求（铝股面积25%以上）采用截断重接方式进行。

2. 配电设备维护

（1）配电变压器维护必须先断开低压开关，后断开高压开关，拉开高压隔离或跌落熔断器，验电做好现场安全措施后，并按照工作票的任务开展抢修工作。

（2）根据配电变压器操作要求，先断开配电变压器低压侧刀闸，再将高压侧跌落开关熔管拆线进行熔丝重装。熔丝装配一般要求：100kVA以下，高压侧熔丝额定电流按变压器容量额定电流的2～3倍选择；100kVA以上，高压侧熔丝额定电流按变压器容量额定电流的1.2～2倍选择。

（3）配电线路的断路器开关、隔离开关、跌落熔断器进行检修时，必须在连接该设备的两侧线路全部停电，并验电做好现场安全措施后，才能进行工作。断路器开关检修后须重新整定保护定值及试验。

三、防台检查

1. 线路走廊检查

（1）检查导线对杆塔及拉线、导线相间、导线对通道内树竹及其他交叉跨越、导线对架空地线等安全距离是否符合设计及规程要求。

（2）依据风区图合理划分线路特殊区段，大风天气或大风多发季节及时开展线路特巡，检查线路有无风偏跳闸隐患。

（3）对处于微地形区、微气象区的线路走廊开展风场观测，合理安装风偏监测装置，并做好数据收集与统计分析。

（4）台风等恶劣天气来临前，开展线路保护区及附近易被风卷起的广告条幅、树木断枝、广告牌宣传纸、塑料大棚、泡沫废料、彩钢瓦结构屋顶等易漂浮物隐患排查，督促户主或业主进行加固或拆除。台风过境后，立即组织人员进行特巡，检查设备受损情况以及导地线、杆塔上有无悬挂异物。

（5）检查防风拉线各构件连接情况，以及地面防撞措施完好情况。

（6）测量山区大档距线路导线对边坡及树木的距离，并进行风偏校验，对影响线路安全运行的应采取降坡或砍伐树木处理，如图5-3所示。

图5-3　台风引起树线矛盾

（7）台风等恶劣天气来临前积极应用红外测温开展线夹、金具的隐患巡视排查工作；对杆塔、基础和拉线开展差异化巡视，重点巡查杆塔是否倾斜、位移、铁塔塔材有无缺少或变形，基础有无损坏、下沉、上拔，拉线有无损伤或松弛、拉线基础是否牢固、杆塔埋深是否符合要求；对线路通道开展隐患排查，重点巡查线路保护区及附近易被风卷起的广告幅、树木断枝、广告牌宣传纸、塑料大棚、彩钢瓦等，发现隐患后督促户主或业主进行加固或拆除。

（8）对易受强风影响的e级污区定期开展导线腐蚀检查。导线出现多处严重锈蚀、断股、表面严重氧化时应考虑换线。

2. 杆塔检查

（1）注意线路附近河道、冲沟的变化，巡视、维修线路时使用道路、桥梁是否损坏。

（2）杆、塔及拉线的基础变异，周围土壤突起或沉陷，基础裂纹、损坏、下沉或上拔，护基沉塌或被冲刷。

（3）杆、塔倾斜不超过以下值：钢筋混凝土杆 1.5%；铁塔 50m 及以上 0.5%，50m 以下 1.0%。

（4）横担歪斜度不超过以下值：横担歪扭钢筋混凝土杆 1.0%，铁塔 1.0%。

（5）混凝土杆出现裂纹或裂纹扩展，混凝土脱落，钢筋外露。

（6）线廊两侧高大树木是否有向线路侧倾倒的可能。

（7）线路上方是否有存在溃堤危险的水库或河流。

（8）检查杆塔地网是否完好，检查铁塔及电杆钢圈的锈蚀情况。

四、消缺管理

防台风运维的消缺管理流程与本章第一节内容相似，且杆塔、拉线、通道的消缺内容与防洪涝消缺基本一致。针对防台风进行的导线、金具等消缺见表 5-9。

表 5-9　　　　　　　　　消　缺　管　理

部件	状态量	消缺内容
导线	弧垂	对松弛超过 5% 的导线应采取拉紧措施
	断股	导线应无断股，7 股导线中的任一股损伤深度不得超过该股导线的 1/2，19 股以上导线某处的损伤不得超过 3 股，断股严重的导线应进行更换
	异物	导线上有异物应进行清理
金具	附件	连接金具保险销子脱落应进行修补，防止绝缘子或导线受风振影响脱落；金具串钉移位、脱出、挂环断裂、变形应进行更换
	紧固	对安装不牢固的金具进行紧固处理

第五节 架空线路防台风改造

一、改造管理

在改造和加强台风影响易受灾地区在运 10kV 架空线路时，宜在精益管理理念的基础上，结合线路所处风区大小、微地形、微气候、走廊环境、地方特色以及上一次施工、技改大修、运维等情况，对易受灾地区的 10kV 架空线路进行仔细核查。经核查后，对线路能否达到所处风区抗风能力进行评价，可以通过以下三个方面进行评价：① 设计及建设是否满足对应风区标准规范，是否存在早期线路设计风速低、建设标准低于风区风速或未按图纸施工等问题；② 运行期间是否存在因市政施工、社会生产活动或相关环境变迁等，造成线路走廊处于易受灾区域等问题；③ 线路运行中是否因遭受过历史灾害或其他影响因素等，导致存在杆塔倾斜、基础塌方、树线矛盾等防风隐患。

根据评价结果，对不满足防风标准要求的线路进行改造分类，建议按线路重要性、防台隐患大小、线路运行年限、所处位置地方特色等进行划分，按时间顺序排列改造项目，合理安排改造时间期限，制订合理可行的中长期线路改造方案，调配资源完成实施改造。对于不能够抵抗对应风速区规定最大风速的线路进行合理改造，改造的目标可以耐张段为单位，针对路径、杆体、基础等进行防风改造，最大实现 45m/s 以内不会产生问题。

二、路径优化

架空线路路径优化主要根据在运线路所处区域灾损情况、风区大小、线路走廊环境等，可通过路径改造、优化杆塔排列、回路数分割及缆化改造等手段，完成易受灾线路路径整体优化。

1. 路径改造

由于最新风速测算和风区图修订、自然灾害或社会生产活动等，造成现有线路路径处于或部分经过区域风速超原设计和建设风速、台风影响易发灾损区等，且难以通过部分杆塔补强等措施对整体进行加固的情况，宜优先考虑路径改造。改造时，应首先考虑避开易受台风影响发生灾损的微地形区域及灾损多发区，对高差大、档距大的线路建议做专题计算和校核。在无法避开的情况下则建议按照高一级风速区规定执行改造，D2 区可适当加大窄基塔使用比率或选用电缆敷设。

2. 杆塔排列优化

由于早期防风设计标准低等因素造成线路部分段无法满足该区域风荷载时，可通过杆塔选用及排列优化改造达到防风标准。以 1 个耐张段为例，对线路中的水泥杆和窄基塔（或水泥杆搭配四方拉线防风强度约等于窄基塔）的选用和排列布置进行改造说明，实际应用中应根据耐张段内杆塔数量选择水泥杆和窄基塔比例及排列方式。其中应注意：

（1）在城市道路受限窄基塔无法落地时，或者洪涝多发区域可采用钢管杆替代窄基塔。

（2）线路走廊附近有化工厂、粉石场等污染源的 C4 和 C5 的重腐蚀地区优先采用水泥杆。

（3）防风措施宜首先考虑防风拉线，由于外部原因现场防风拉线无法安装的情况下，按优先次序选取撑杆和围墩，其中围墩是在拉线和撑杆均不能做的情况下采用。

（4）相关标准规定了对应风速区设计的最低标准，实际执行中建议不低于该标准。

3. 线路回路分割

同一线路路径上杆塔最大回路数应根据所处风速区、采用的杆塔类型等进行计算，建议当设计风速超过 30m/s 时，回路数不宜超过双回。针对存量线路超过设计回路建设且遭受了台风影响导致灾损后，建议新增走廊，进行线路回路分割。

4. 线路缆化

当线路路径处于易受台风影响发生灾损的微地形区域及灾损多发区，且所在风速区大于 30m/s 时，又受各类条件所限无法进行路径改造、杆塔排列优化或回路分割时，建议采取电缆敷设实现路径防风优化。

三、杆体加固

依据线路杆体所处区域最新风区图、线路近年受风灾灾损情况、环境变迁及生产因素等导致的现有杆体无法满足抗弯强度，建议通过杆塔选型优化、水泥杆局部加固、窄基塔局部加固等措施进行防风改造。

1. 杆塔选型优化

复核架空线路杆塔抗弯强度选型，针对不同风速区情况，对一个耐张段内杆塔选型可参考《国家电网公司配电网工程典型设计（2016 年版）》、地方差异化设计等规定，判断是否满足要求，对因抗弯强度不匹配、水泥杆选择不当等（如在沿海易腐蚀地区选用法兰组装杆、大风速区选用预应力杆等）进行杆塔更换。在此简要归纳杆塔选型：对于水泥杆单杆使用时，D2、D1 风速区宜采用 Z-N-12、Z-N-15、2Z-N-15 等型号，A 风速区宜采用 Z-M-12、Z-M-15、2Z-N-15、2Z-N-18 等型号，B 风速区则可采用 Z-M-12 等大部分型号杆型；对于窄基塔使用时，D2 风速区宜采用 ZJTD2-Z-13/15/18 等型号，D1 风速区宜采用 ZJTD1-Z-13/15/18 等型号，A、B 风速区宜采用 ZJT-Z-13/15/18 等型号。

2. 水泥杆加固

对于部分无法满足抗弯强度的水泥杆，如杆型选用不当、沿海腐蚀严重区域的法兰杆等，在无法更换和移除原有水泥杆的前提下，应对水泥杆杆身进行抗弯加固，加固措施按优先次序建议选用防风拉线（四方拉线优于人字拉）、采用撑杆、围墩等措施对水泥杆进行防风加固。

3. 窄基塔加固

对于部分无法满足抗弯强度的窄基塔，在无法更换或移除原有窄基塔的前提下，应对窄基塔塔身进行抗弯加固，可通过仿真软件分析、设计计算校核等方式得到塔身薄弱点，通过增设塔材或补强塔材进行防风加固改造。

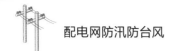

四、基础加固

针对台风易发生区域内的线路，应核查杆塔灾损情况，如倒杆、斜杆等灾损反映出杆塔抗倾覆能力不足，进而说明杆塔基础设计或施工存在问题。建议对照地区差异化设计内容判断基础是否存在未按标准设计、未按图施工、设计施工未达到实际防灾需求等情况，参考四类土质对应的基础型式，针对水泥杆、窄基塔、钢管杆等不同杆塔分类进行基础加固改造、加装围墩，采用新型套筒基础等措施，当台阶式基础和其他基础型式都可选用时，应优先选用台阶式提升基础坚固水平。

第六节　典　型　案　例

一、防洪涝运维案例

1. 案例概述

20××年×月，××地区遭遇多次强对流天气，其中××市的 4 天平均降雨量达到 568mm。持续暴雨形成水流流入开闭所，导致城东供电部辖区内某商业楼地下一层车库整体被淹，位于地下负二层的两个开闭所进水，内部开关柜完全被淹。其中配电站 1 大门被洪水冲毁。上级主供电源未来 10 板及备用电源未来 20 板随后被迫停运，如图 5-4 所示。

2. 问题分析

灾损开闭所位于小区地下二楼，为最底层，进线电缆自开闭所侧面上部接入，桥架敷设，地上部分从电缆井下穿。地下一层车库南侧墙体被地面积水完全冲毁，附近积水灌入地下车库，如图 5-5 所示。由于冲击力极大，将配电站 1 大门直接冲毁，配电站房内部设备被浸泡，如图 5-6 所示。配电站 2 距离南墙较远，洪水漫过挡水墙后从门缝进入配电站房内，导致设备被淹。

虽然暴雨前运维班组对地下开闭所门前进行了封堵，小区物业对地下室入口也进行了封堵，但由于开闭所建设标准低、水位过高，地下室及开闭所入口

图 5-4　配电站 1 内被冲毁的开关柜

图 5-5　地下车库南侧墙体被完全冲毁

图 5-6　被洪水冲毁的配电站 1 大门

的封堵被冲毁，雨水倒灌，造成小区地下一层、地下二层全淹，配电站1内设备全部泡水，设备受损严重，整条线路被迫停电。配电站2内设备受损较小，主要是被水浸泡。

3. 治理措施

（1）在规划阶段，明确防灾减灾需求，提升防灾水平。开展配电网建设区域受洪涝等灾害影响程度分析，尤其是涉及重要用户的区域，明确需要的防灾水平，为后期设计提出要求。

（2）在设计阶段，严格执行配电站房建设要求。一是针对地下、地势低洼和可能积水场所的配电站房，重新选址搬迁至地面，同时应采取适当抬高配电站房地面等防水措施；二是位于建筑物地下层的配电设施时，通过改造项目替换为全封闭、全绝缘设备。

（3）加强设备的日常运行和缺陷管理。定期组织对开闭所、配电室的防水检查，重点关注设备封闭不严、屋顶渗水漏水等问题。

（4）做好防灾设备和物资储备。一是对于易涝配电站房，增加燃油烘干机、抽水机等烘干及抽水装置配置；二是加大防汛、抢险物资的储备力度，对于重点区域执行就近储备的原则。

4. 治理成效

本次运维改造主要针对辖区内的 54 个易涝配电站房进行，改造完成后，该地区曾再次遭受暴雨天气，地下配电站房再次被淹，但供电公司第一时间协调抽水泵进行抽水，并对配电站房设备进行清洗、烘干处理，随后送电成功，小区恢复正常供电，如图 5-7 所示。

二、防洪涝改造案例

1. 案例概述

20××年×月×日，××地区发生超过 300mm 的特大暴雨，局部平均降雨量达到 390mm，在××路、××路等低洼的地带积水严重，造成了附近配电站房、配电设备大范围受损。强降雨造成配电网受损或停运线路××条、配电站房××座，受淹停运配电变电站、环网柜等设备×××台。

图 5-7 经过清洗烘干处理后的配电设备情况

2. 存在问题

（1）低洼区应急准备不充分。某小区配电站房属于地势低洼区域，本次台风引起的暴雨致使小区地面积水达到了 40cm，配电站房门位于地面上，但站房地基比室外水平地面低 150cm（类似负一层），该站房门口有做防水水泥挡板 50cm（站外水淹至 40cm），电缆沟封堵不到位及室内抽水设施不完善，积水从站房外电缆沟进水，致使室内被淹 110cm，如图 5-8 所示。

站房位于地下一层
（该小区地下有两层），
此次地下两层均被淹没

图 5-8 受涝地下配电站房

（2）环网柜、箱式变电站等设备受淹故障严重。该县 10kV ××Ⅰ回线路上的环网柜、箱式变电站建设时未考虑防涝的设防水位，同时也没有对基础进行抬高，导致洪涝时被水浸泡，由于其复合绝缘小、母线位置低、跨度长，进水后发生内部电弧故障，导致设备损毁，如图 5-9（a）所示。此外，调查发现该县故障环网柜多是空气绝缘，防水等级为 IP33 的 XGN 型环网柜（适合于户内使用，不宜用于户外），箱式变电站选择的是带通风孔的预装式欧式箱式变电站（洪水可能通过通风孔浸入），说明涝区配电设备选型不当，如图 5-9（b）所示。

3. 治理措施

（1）全面实施配电站房防洪防涝设施改造。对于没有进水但进站房道路被淹的情况，适当加高进站道路标高，并在配电站房入口布置活动式挡水设施；对于站内开关室、电缆层被淹的情况，加配大功率的抽水、排涝设备，配置挡水设备，确保洪涝来临时可以使用。

(a)

图 5-9　配电设备防水措施不到位（一）

（a）箱式变电站受淹情况

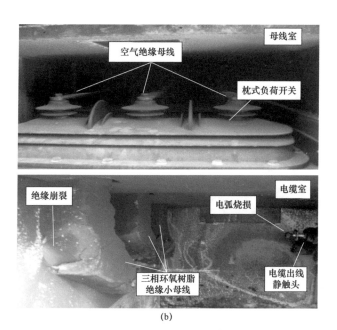

(b)

图 5-9 配电设备防水措施不到位（二）

（b）环网柜受淹故障情况

（2）合理选择环网柜或箱式变电站类型。选择密闭型双金属夹板结构，并对配电设备防水薄弱部位（电缆终端接头、PT、FTU 等），选用全绝缘全密封电缆附件，防水性能好的 PT 和 FTU，并抬高安装位置，如图 5-10 所示。

图 5-10 选择防水型配电网设备

（3）模拟实战，开展防汛应急演习。该公司专门成立应急演习工作组、现场安全督查组、后勤保障组及新闻报道组，全方位展示应对汛期重大灾害的应急处置过程，针对变电站水淹抢险、输电线路基础冲刷、配电线路倒杆、电排停电开展演习，如图 5-11 所示。演习内容为模拟 10kV ××Ⅰ回线路跳闸，重合不成功，涉及××等小区 3000 余户居民和电力大厦、火车站等重要用户供电。经演习人员紧急巡视，10kV ××Ⅰ回线故障点为：10kV ××Ⅰ回电排支线 15 号杆因暴雨发生倒杆，于是一方面紧急增派发电车支援，另一方面组织抢修力量在完成倒杆抢修，3h 后，10kV ××Ⅰ回全面恢复供电。

图 5-11　应急演习

4. 治理效果

通过全面开展隐患排查与差异化改造，累计发现各类隐患 89 处，治理 65 处，共修缮配电站房防渗漏、防洪、防溃等设施 50 多项，抬高配电设备基础 300 余处，完成电缆沟渗漏情况及其排水设施修理 10 余处，修理各类杆塔排、截水沟共计 12km，护坡 200 余方。通过防汛应急演习，有效检验了各部门对突发暴雨洪涝灾害的应急处置能力以及跨部门的协同配合能力。这些措施全面提升了县公司应对汛期恶劣天气的处置能力和实战能力，至今为止该地区未发生大范围的洪水灾害。

三、防台运维案例

1. 案例概述

××年 9 月 11 日 17 时左右××地区 10kV ××线 114 号杆×B0003 开关跳闸，当天天气为大风，局部风力将近 10 级。随后，调控中心通知××供电所对 10kV ××线 114 号杆后进行故障巡线，18 时 05 分，发现 10kV ××线坑口支线 068 号杆、069 号杆段有毛竹靠到导线上，××供电所运维人员现场对走廊毛竹进行清理，并检查导线无损伤，具备送电条件，18 时 05 分向调度申请送电，18 时 18 分线路恢复供电。该线路全长 85.35km，其中裸导线 74.63km，主干线全长 34.214km，共有电杆 186 基，19 条分支线共有电杆 405 基、分支线全长 51.136km，线路走廊既有穿越村庄，也有穿越林区，每年夏秋时节的大风天气，该线路频繁跳闸。

2. 存在问题

（1）线路走廊多风。××地区位于山谷位置，两侧地形较为开阔，一侧为入海口，属于局部微地形，如图 5-12 所示。每年受低层切变南压的影响时，气流由开阔地带流入山谷时，由于空气质量不能大量堆积，于是加速流过峡谷，风速增大，形成局部大风天气。

（2）飘浮异物影响配电网安全运行。该线路 12～19 号杆穿越了村庄外围的垃圾处理厂，周围存在较多的彩钢瓦、塑料大棚等临时性建筑物，设备主人未按要求进行加固。在大风作用下，由于彩钢瓦、广告布、气球、飘带、锡箔纸、塑料薄膜、风筝及其他轻型包装材料缠绕至配电线路上（见图 5-13），短接空气间隙后造成跳闸。

图 5-12 该线路走廊路径

图 5-13 异物短路影响

（3）树线矛盾造成临时性跳闸。该线路 81～149 号杆穿越竹林，竹木具有生长迅速快、在风力作用下易摆动的特点，对该线路的安全运行埋下隐患，同时也暴露了××供电所运行维护工作开展不到位，未按要求开展线路巡视工作，没有及时发现毛竹对线路距离不足的缺陷，树障清理不及时（见图5-14）。强风造成树线矛盾跳闸，是该线路频繁停电的最主要原因。

图5-14 树线矛盾影响

3. 治理措施

（1）加强线路走廊巡视。该公司在大风天气来临前加强线路防异物短路巡视工作，并针对不同异物类型分别采取以下措施：

1）针对防锡箔纸、塑料薄膜等易发生飘浮物短路的区段，夏、秋两季为巡视重点时段，通道巡视每周不少于2次，外聘巡线员每日巡视不少于1次，及时发现并制止通道的危险行为，对于直接威胁安全运行的危险物品要立即清理。

2）针对防风筝挂线方面，一般3～5月、9～10月为巡视重点时段，重点区段通道巡视每周不少于2次，外聘巡线员每日巡视不少于2次，及时发现制止通道周边放风筝行为。

3）针对通道附近的彩钢瓦等临时性建筑物、垃圾场、废品回收场所的隐患巡事，重点区段通道巡视每周不少于1次，外聘巡线员每周巡视不少于3次。每月向隐患责任单位或个人发安全隐患通知书，要求进行拆除或加固，对未按要求进行处理的单位和个人，应及时报送安监部门协调处理。

（2）加强树竹清砍。

1）以馈线为单位，对架空线路开展运行环境排查，排查内容应包括杆塔附近树种情况、与导线目前大致距离、周边环境等；每基杆塔要建立台账，对存在的树线隐患点进行拍照、记录，建立清单，将需要砍伐清单及时反馈给砍伐责任主体单位。

2）在通道清理前，线路走廊与架空线路之间距离较近，如图5-15所示。

图5-15　通道清理前的状况

根据配电网运维管理办法，实行对10kV架空线路清理宽度裸导线按照边线加5m，绝缘导线按照边线加3m要求进行清理，线路周边竹子较多的区域，扩大了清理宽度（见图5-16），为线路在大风天气的正常稳定运行奠定了坚实基础。

图5-16　通道清理后

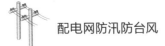

（3）进行局部绝缘化处理。

1）针对绝缘线路线夹、避雷器接头、导线等裸露点可采用自固化硅橡胶绝缘防水包材，如图5-17所示。进行包缠（裹）加强绝缘及防水、防腐性能，避免异物短路。

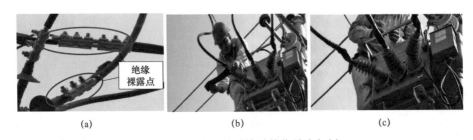

(a)   (b)   (c)

图5-17　自固化硅橡胶绝缘防水包材

（a）线路裸露点；（b）现场绝缘材料包扎；（c）现场安装效果

2）采用新技术，应用机器人进行线路绝缘塑封，减少人力、省时、提升绝缘工艺水平，如图5-18所示。

(a)   (b)   (c)

图5-18　机器人进行线路绝缘塑封

（a）线路绝缘塑封机器人；（b）现场机器人架设；（c）现场

4. 治理效果

经过整治，因大风造成相间跳闸的事件、树障因素造成的线路跳闸减少，提高了配电网供电可靠性，线路故障跳闸率同比下降61%，基本实现了线路安全稳定运行。

四、防台改造案例

1. 改造背景

某 110kV 变电站 10kV 馈线出线（17 条馈线）走廊处于两山之间，属于典型"风道口"型微地形，且距离沿海不足 10km，加上峡管效应，导致此处线路风荷载较大，历年台风影响该区域时必定出现倒杆、断线等灾损。

2. 改造实施方案

10kV××线、××线等在该变电站出线 2km 范围，处于垂直风口位置，进行线路下地缆化改造；10kV××线等进行增补拉线改造。

如图 5－19 所示，变电站出线部分线路垂直于风口区域，此处为历次较大台风倒杆集中点之一，处在两山之间风口，易受风力倾倒，对该处线路进行缆化，埋管 12 根为将来继续缆化预留充足通道。如图 5－20 所示，部分杆段处在两山之间风口区且垂直于风向，此处为历次较大台风倒杆点之一，线路杆塔易受风力倾倒。如图 5－21 所示，水泥杆处在田地，拉线对耕种影响较大，防风拉线采用部分固定、部分临时活动布置（平常拆除，台风前固定拉线）。如图 5－22 所示，处在两山之间风口，垂直于风口架设的线路杆塔易受风力倾倒。如图 5－23 所示，杆段树障较多，已及时完成线路通道清障。如图 5－24 所示，防风拉线处在水田中央，无醒目标识，收割机等机械耕作存在外破风险。如图 5－25 所示，已缆化未拆除，收割机等机械耕作存在外破风险。

图 5－19　10kV××线

图 5-20　10kV××支线

图 5-21　10kV××支线水泥杆

图 5-22　典型风口区域

图 5-23　10kV××支线 62 号、63 号

图 5-24　10kV××线等出站部分

图 5-25　10kV××线等出站部分
　　　　　线路（下层）

第六章

应 急 管 理

洪涝和台风灾害下电力应急管理的目标主要是应对电网洪涝和台风灾害事件,主要研究洪涝和台风灾害事件的预防、准备、响应和恢复,以提高电网企业应急管理能力,尽可能降低电网遭受洪涝和台风灾害时的损失及其对社会造成的影响。

第一节 电力应急管理体系

一、应急管理原则

应急管理是一门应用科学,时刻关注现实生活中的突发公共事件是应急管理研究的根本所在。由于突发公共事件的综合性,其预防、处置、后处理等工作需要不同学科领域、不同组织的通力合作才能完成。如何将突发公共事件消灭在萌芽中,使人们的人身、财产损失降到最低,在最短时间内恢复社会秩序,将已有的分散在各领域的应急力量综合到统一应急管理体系中是应急管理需要研究的内容。从宏观上讲,要研究突发公共事件的发生、发展、消亡的演变规律,要研究如何建立统一的应急管理体系;从微观上讲,要研究资源管理问题、预案管理问题、教育培训问题、人员撤离问题以及在线决策辅助的定量方法与定量模型等。

电力企业应急管理的宗旨是:贯彻落实国家安全生产法律法规和工作部署,坚持"安全第一、预防为主、综合治理"方针,把防治电网大面积停电事故作为首要任务,把保护人民生命、规范人员行为、提高员工素质作为根本目的，全面推进安全风险管理，深入开展隐患排查治理，加强应急体系建设，提升应急保障能力，完善应急处置机制，有效防止各类事故发生，及时处置各类突发事件，确保安全局面持续稳定，保障企业和电网安全发展。

二、应急管理体系

当前我国电力应急管理体系主要是由指挥、预案、保障、运行等四个方面的体系组成的，指挥体系又由指挥部门、指挥平台、信息管理三个部分构成，保障体系是由人员、物资、联动等方面组成，运行体系是由培训、演练两个方面组成。

1. 应急管理阶段

根据生命周期理论，自然灾害也有着特定的生命周期，因此可将其发展过程分为事前、事中、事后三个阶段。在电网应急管理过程中，自然灾害对电网的影响是非常大的，不仅会造成电网本身运行的故障，也会由此带来对经济、社会等多方面的影响，因此要提高电网应急管理水平，就必须加大在预防方面的管理。在电力企业的电网应急管理体系中，事前阶段的预防在整个体系中有着至关重要的作用，只有科学有效的预防，才能够更好地提高对风险的识别和控制水平，也才能进一步提升电网本身的建设质量，从而有效保障电网本身运行的安全稳定性。在电网应急管理的预防阶段，还可以进一步细化为风险管理和应急建设两个部分，风险管理主要是通过有效的措施来降低电网可能发生的突发事件几率，并提高电网的抗风险能力，应急建设是为了尽可能降低突发事件所带来的影响。

结合应急管理 PPRR（Prevention，Preparation，Response，Recovery）模式，依据生命周期理论，可将应急管理划分为预防、准备、应对、恢复等四个部分。

（1）风险管控阶段。对于供电公司来说，其日常的经营管理活动都是围绕着保障电网的正常运行来展开的，如进行电网基础设施的建设以及日常维护等，而对于电网来说，自然灾害对其影响非常大。因此，要想尽可能降低自然灾害对电网的影响，就必须建立完善的应急管理机制。在风险管控阶段就需要围绕着电网正常运行的需要，对可能导致电网安全事故的产生因素进行识别和分析，并对风险可能导致的后果进行评估，从而尽可能降低自然灾害对电网造成的影响和损失。

（2）应急建设阶段。风险管控只能识别自然灾害，应对自然灾害可能造成的影响进行评估，但并不能规避自然灾害。为了降低自然灾害对电网的影响，可基于以下三个维度进行应急建设：

1）通过多种有效渠道对公众进行应急管理方面的宣传，提高公众在突发事件上的意识，使公众即使在面对突发事件时也不会产生恐慌心理，从而更有助于应急管理的实施。

2）建立应急管理相关的制度和规范，在完善应急管理体系的同时，围绕着应急管理的需要进行预案制订、资源调配、相关法规政策以及标准等的制订。

3）建立专业化的应急管理队伍，结合应急管理体系和预案，提高实际应急的应对水平。

（3）预警处置阶段。在预警处置阶段，包含内容有信息处理、具体应急方案的制订、资源的调配、救援行动的展开、突发事件的处置等。通过协调与应急管理相关的各个方面，制订出更为有效的应对措施，从而使突发事件所产生的影响降低到最小，为实际救援行动以及下一阶段的恢复等提供支持。

1）将人作为救援的核心来对待。在应对突发事件时，处于突发事故中的人在所有救援中处于优先地位，只有在保障相关人员得到全面救援之后，才进行财物等方面的救援。

2）响应速度。虽然突发事件的产生有着很大的突然性，但是在事件发生后，需要在尽可能短的时间内调派人员、物资等，并以科学有效的方式展开救援行动，将突发事件所造成的影响尽可能控制在最小范围内。

3）指挥协调。应对突发事件需要多个不同的部门通力协作，在信息高度共享的基础上，实行统一指挥，进行资源调配，以提高应对效率。

4）以科学合理的方式来进行应对。在依法、依预案进行突发事件的应对时，也需要结合突发事件的具体情况，发挥人在应急过程中的优势，以提高应对、处置的效果。

（4）后续处置阶段。后续处置阶段一般由恢复、评估等方面组成。对于其中的恢复方面，自然灾害对电网造成的损坏，应该及时进行维修和检查，同时也需要对可能的隐患进行排查，以避免出现二次损坏，尽快恢复电网的运行。对于其中的评估来说，一方面要对导致突发事件产生的原因进行全面调查，明

确各方的责任，在进行总结后，给出相应的解决策略；另一方面对此次应急管理进行评估，对当前实施的应急管理制度进行优化，提升政府应急管理的总体能力。

2. 应急管理预案体系

电网企业为有效防范气象灾害，指导和组织系统各单位开展气象灾害预警、防范、抢修、抢险和电力供应恢复等工作，最大限度地降低事故损失的程度和范围，维护国家经济安全、社会稳定和人民生命财产安全，保障电网安全可靠运行，需开展各类自然灾害处置应急预案编制。

洪涝或台风来临时，往往会在短时间内大量降水，一方面会使空气中的湿度急剧增大，使电力设备进水受潮受损而无法正常使用；另一方面大量降水也极易引发洪水、地质滑坡等二次自然灾害，会对电力基础设施造成极大的损毁，由电网设施事故带来的后果是非常严重的。因此根据天气变化或灾害发展趋势，及时进行研判，并利用预警机制和信息通信资源及时发布预警等紧急措施则至关重要。

（1）事态研判。供电企业建立高水平的动态电网运行监测系统，对区域内的电网设施进行实时监控，同时，与相关政府部门构建信息共享平台，对自然灾害可能造成的损失进行分析和评估。

（2）预警发布。结合自然灾害可能对电网造成的影响，依据停电事件等级，发布相应的预警级别。

（3）预警响应。根据预警级别，启动与之对应的应急预案，在评估电网突发事件的影响和后果的同时，组织力量进行抢险。

在电网应急日常管理中，组织电网系统及所属单位制订和完善防汛抗台应急预案，并在电网应急管理应用系统中及时更新，这些预案可在日常培训、演练和应急发生时查询调用。成立公司应急组织机构，包括公司防汛防台应急指挥部、公司防汛防台应急办公室、应急专业组、公司系统各基层单位应急指挥部和现场应急抢险指挥部，根据各应急组织的职责做好日常的培训和演练工作；按照洪涝台灾害的严重程度和影响范围，分为特别重大（Ⅰ级）、重大（Ⅱ级）、较大（Ⅲ级）、一般（Ⅳ级）四个事件等级，规定每个事件等级形成的条件；规定不同的事件等级中各级应急组织所要做的响应，以便在应急事件发生时有条不紊地开展工作。

3. 应急培训与演练

应急预案的演练是应急准备的一个重要环节，也是提高供电企业应急管理能力行之有效的措施。通过演练，可以检验应急预案的可行性和应急反应的准备情况；可以发现应急预案存在的问题，完善应急工作机制，提高应急反应能力；可以锻炼队伍，提高应急队伍的作战力，熟练操作技能；可以教育广大干部和员工，增强危机意识，提高安全生产工作的自觉性。为此，预案管理和相关规程中都有对应急预案开展相关演练的要求。

（1）演练的基本要求。遵守相关法律、法规、标准和应急预案规定；全面计划，突出重点；周密组织，统一指挥；由浅入深，分步实施；讲究实效，注重质量；原则上应最大限度地避免惊动公众。通过应急预案的模拟演练，在突发事件中更能做到有的放矢，尽最大可能减少物资财产损失，保障公众的生命安全。

（2）分类。

1）按演练的规模分类。可采用不同规模的应急演练方法对应急预案的完整性和周密性进行评估，如桌面演练、功能演练和全面演练。

2）按演练的基本内容分类。根据演练基本内容的不同可分为基础训练、专业训练、战术训练和自选科目训练。

为了做好配电网在自然灾害等突发性事故下的防范与处置，相关应急演练方应重点模拟配电线路倒（断）塔（杆）、站房内涝及重要用户地下小区配电站房进水导致设备受损后，检验防汛应急队伍开展突发事件应急响应时的协同配合能力和防汛应急装备的使用情况。

具体项目可开展：灾后配电线路无人机现场勘察，采用机械化搬运、吊车组立水泥杆，人工搬运、人工组立复合电杆，完成导线断线断股修补。为防止配电站房受淹，采用铝合金组合式防汛挡水板、膨胀沙袋做好防水隔离措施，同时将应急抽水泵接入应急发电车，模拟洪涝灾害后快速排涝。对重要负荷采用发电车接入应急接口等方式开展快速复电演练。配电站房受淹后，采用大功率抽水机对开闭所进行抽水，对 10kV 开关柜、低压盘柜进行冲洗、烘干、试验等抢修工作。

（3）参与人员。应急演练的参与人员包括参演人员、控制人员、模拟人员、评价人员和观摩人员。这五类人员在演练过程中都有着重要作用，并且在演练

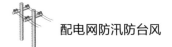

过程中都应佩戴能表明其身份的识别标志。

（4）演练实施的基本过程。应急演练是由许多结构和组织共同参与的一系列行为和活动，因此，应急演练的组织与实施是一项非常复杂的任务，建立应急演练策划小组（或领导小组）是成功组织开展应急演练工作的关键。策划小组应由多种专业人员组成。对供电企业内部而言，如不涉及社会层面，其策划小组应以本企业内部或相关人员为限。同时，为确保演练的成功，参演人员不得参加策划小组，更不能参与演练方案的设计。

（5）结果评价。演练是评估的一部分，是通过实战或虚拟的场景来检查预案实施的效果。应急演练结束后应对演练的效果做出评价，并提交演练报告，详细说明演练过程中发现的问题。应急预案的评估可以从多个角度进行，如预案本身、评估主体、模拟演练的角度。

三、应急处置流程

图 6-1 所示为某电网公司因台风、洪涝等自然灾害或其他原因造成的电网大面积停电事件应急处置流程图。

第二节　灾　前　预　警

灾前预警是通过精确研判台风的登陆路径和可能带来的风雨影响，主动研判台风和洪涝灾害下电网的薄弱环节和风险区域，实现台风和洪涝对电网影响范围和程度的预测预警，从而为电网相关部门提前调整电网运行方式、提前部署电网防风涝措施、提前调集抢修队伍和物资装备跨区域预置到重灾区和生命线工程用户提供支撑，有效降低台风对电网可能带来的损失。因此，灾前预警可实现配电网防涝抗台工作由"被动"到"主动"、由"事后"到"事前"的重大转变，有效降低配电网洪涝和台风灾损。

一、预警管理

图 6-2 所示为某电网公司可能因台风、洪涝等自然灾害或其他原因造成的电网大面积停电事件预警流程。

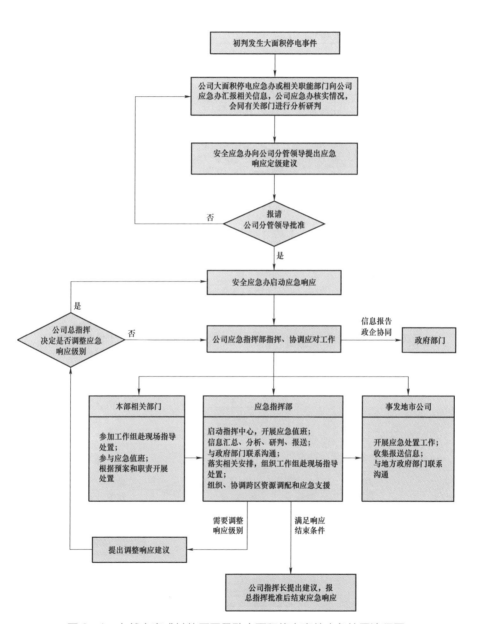

图 6-1 自然灾害或其他原因导致大面积停电事件应急处置流程图

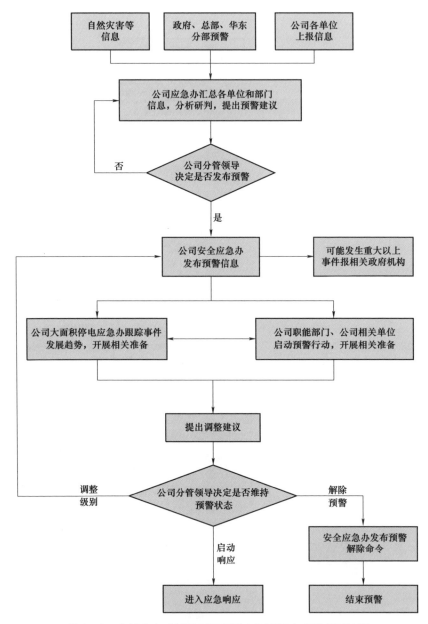

图 6-2　自然灾害或其他原因导致大面积停电事件预警流程

1. 预警发布

（1）公司大面积停电应急办或相关部门根据职责分析自然灾害、电网运行、供需平衡、设备运行、外部环境等风险，提出预警建议，报公司应急办。公司应急办汇总各单位和部门信息，分析研判，编写预警通知初稿，提出公司预警发布建议，经公司分管领导同意后，由公司应急办发布。

（2）公司应急办接到各单位上报或政府、总部、华东分部下发的大面积停电事件预警信息后，立即汇总相关信息，分析研判，提出公司大面积停电事件预警建议，经分管领导批准，由公司应急办发布。

（3）大面积停电事件预警信息包括风险提示、预警级别、预警期、可能影响范围、警示事项、应采取的措施等。

（4）预警信息由公司应急办通过协同办公系统、传真、电子邮件、安监一体化平台、应急指挥信息系统等方式向相关供电单位、直属单位发布，并予以确认。

2. 预警调整

公司应急办根据预警阶段电网运行及电力供应趋势、预警行动效果，提出对预警级别调整的建议，报公司领导批准，由公司应急办发布。

3. 预警解除

根据事态发展，经研判大面积停电事件不可能发生或危险已经解除，由公司应急办提出解除建议，经公司领导批准，由公司应急办结束预警，解除已经采取的有关措施。

二、预警方法

（一）洪涝灾害预警方法

洪涝灾害对配电网破坏力巨大，经常引发配电网架空线路倒杆断线和配电站房受淹损毁的严重灾害事故，并且抢修复电难度大，致使供电区域大面积和长时间停电。洪涝预报主要通过降水预报与洪水预报、内涝预报之间的耦合预报来实现。

1. 降水预报

洪涝灾害产生的直接原因是一定量级的降水，所以降水预报是配电网水害预报模型的基础。基于雷达等遥感手段的定量降水估算以及基于数值模式的定量降水预报是降水预报的两种主要手段。

（1）洪水预报。流域洪水预报主要方法有两大类：一是以历史数据为基础的统计预报，该方法利用输入（一般指降雨量或上游干支流来水）与输出（一般指流域控制断面流量）资料，建立某种数学关系，然后由新的输入推测输出。这种模型只关心模拟的精度，而不考虑输入输出之间的物理因果关系。二是以水文模型为核心的定量洪水预报，该方法建立气象与水文因子的关系，依据气象要素进行水文预报。基于水文模型的洪水预报可分为概念性水文模型和分布式水文模型，概念性模型是以水文现象的物理概念作为基础进行模拟，对下渗、蒸发、产汇流等物理现象进行了合理概念化，具有一定的物理基础，因此在近几十年发展很快，在实际应用中得到了大量的使用。概念性模型目前仍然是主流的洪水预报模型，在一定时期内还会继续发挥作用。从 20 世纪 90 年代中期以来，随着卫星遥感、数字雷达测雨技术以及 GIS 技术的完善和高速发展并进入科技领域，分布式水文模型作为一类新的流域水文模型得到了快速发展，成为近 20 年来水文建模领域的热点，是水文模型的发展趋势和研究前沿。分布式流域水文模型最显著的特点是与数字高程模型（DEM）的结合，以偏微分方程控制基于物理过程的水文循环时空变化，能更好地考虑到降水和下垫面的空间变异，更好地利用 GIS 和遥感信息模拟降水径流响应，并能与气象模式结合延长洪水预见期。

（2）内涝预报。通过构建城市雨洪模型研究城市暴雨内涝，开展淹没模拟分析，是现阶段城市暴雨内涝研究的热点。

局部短时降雨过多是城市暴雨内涝形成的主要气象因素，而复杂的城市下垫面条件引起的暴雨径流产汇流过程和市政管网水流运动过程的改变是城市暴雨内涝发生的内在动力因素，也为认识和模拟城市内涝形成过程增加了难度。与自然流域不同，城市混凝土路面、房屋、小区、基础设施建设，使得地表不透水面积大幅增加，蓄滞作用减弱，产汇流历时缩短，导致城市暴雨径流峰量加大；而市政集排水口众多分散、管网结构复杂、实际过流能力各异。因此，对城市暴雨洪水过程模拟需要考虑城市下垫面空间变异性，并合理处理路网、管网、河网等径流主要通道之间的复杂水力联系。

20 世纪 70 年代初，国外的研究机构逐渐提出了一批功能强大的城市雨洪模型，经过不断的发展和完善，目前在国际上应用比较广泛的有 SWMM、PCSWMM、DigitalWater 和 InfoWorks 等。

SWMM 模型能较好地计算暴雨条件下研究区域经下渗、蒸发、地下径流、排水系统输出等方式的水循环后，留存于地表的积水水量，表现为各个管网点的溢出水量，但对现实城市雨洪管理中溢出水量产生内涝的淹没范围和淹水深度问题处理不够。快速发展的地理信息系统（GIS）技术为繁杂的城市排水管网模型构建提供了有力支持。PCSWMM 和 DigitalWater 模型均是基于 SWMM模型基础之上开发而成，且采用一些方法处理溢出水量在城市地面的运动，这些模型已成功应用于排水管网设计和评估、一维管道与二维地表耦合模拟等；InfoWorks 模型实现了管网系统与河道的交互耦合，能较为真实地模拟地下排水管网系统与地表受纳水体之间的相互作用，且拥有强大的前后处理能力，已广泛应用于排水系统现状评估、城市内涝积水模拟及城市洪涝灾害风险分析等。

2. 耦合预报

洪涝预报追求的是高精度和预见期长，要得到高精度和长预见期预报，必须从提高降雨估算精度开始，结合降雨预报，采取流域降雨径流模型、河道洪水演算模型和城市暴雨内涝淹没模型的途径来实现。因此，洪涝预报与降水预报的集成耦合是提升洪涝预报精度的关键。

（1）水文气象耦合的降水降尺度技术。数值天气预报模式与流域水文模型在时间空间分辨率存在的差异制约了天气预报模式预报结果在水文预报应用中的进一步发展。立足于在水文预报中充分有效利用天气预报及气象信息这一目的，建立定量降水估算、定量降水预报（QPE/QPF）与水文模型之间的结合，其首要任务就是解决降水信息场与水文模型在时空尺度上的匹配问题，缩小两者的尺度差异，寻找水文气象结合的契机。

（2）雷达定量降水估算与洪涝预报的耦合。确切地掌握降雨量的空间分布，是使用水文模型的重要先决条件。雷达测雨可直接测得降雨的空间分布，提供流域或区域的面雨量，并具有实时跟踪暴雨中心走向和暴雨空间变化的能力。雷达估算降水有时空分辨率高的优点，可以比较客观地反映降水量相对大小的分布趋势。

（3）模式预报降水与洪涝预报的耦合。预见期内的降水量直接影响着洪涝预报的精度，预见期愈长，预见期内的降雨对预报值影响愈大，因此预见期内的降雨与洪水预报耦合技术也逐步受到了广大水文和气象科技工作者的关注。目前随着数值预报理论与方法的飞跃发展，数值预报现正成为暴雨预报实现定点、定时和定量的科学手段，为水文模型预见期降水的预报提供了强有力的支撑。

3. 变压器洪涝灾害预警

变压器是电网的核心设备，其安全可靠运行是电力系统向负荷可靠供电的必要前提。变压器故障一直是危及电网安全的主要因素，变压器故障率最大的部位是变压器的内绝缘，主要故障特点是变压器的绝缘材料受潮。电力变压器由于进水受潮而引起的绝缘事故在变压器故障中占有较大比例，是变压器发生故障的主要原因。近年来，电力变压器由于进水受潮引起的绝缘事故时有发生。在洪涝灾害下，造成变压器故障的原因主要有：第一，对于较严重的洪涝灾害，积涝深度超过变压器的安装高度，使得变压器被淹没后失效；第二，洪涝环境下，空气湿度极大，而变压器套管顶部连接帽密封不良造成空气中的水分沿引线进入绕组绝缘内，引起击穿事故；第三，在变压器运行时，若呼吸器内充填的干燥剂失效，防爆管密封不严或潜水泵吸入侧渗漏时，洪涝情况下外界降雨或潮湿空气就会通过这些途径进入变压器，致使绝缘材料受潮，造成绝缘事故。

（1）积水计算。汇水区划分是分析暴雨积涝的重要步骤，通过汇水区划分可使用更丰富的数据来解释降水及汇水过程在空间上的异质性。每个子汇水区是独立的水力学单元，在这些单元中，地形和排水系统因子使得地表径流直接汇入到一个排出点。城市天然汇水区的划分，包括洼地填充、流域水流方向提取、子流域划分、汇水区生成等，而这些处理过程会利用地理高程信息，因此，有必要对高程信息的处理进行介绍。

现阶段常用 ASTER GDEM 的地理网格上的精度为 30m×30m，对于配电网一般档距在 50～70m，因此网格精度满足要求，但由于高程数据在竖直方向存在一定误差，因此需要进行预处理。

可以通过利用 D8 算法，采用表面高程作为输入，可定义每个像元的流向。此时流向来自每个像元的最陡下降方向，最大下降方向计算公式如下

$$d_{\max} = \frac{\Delta z}{d_s} \times 100 \qquad (6-1)$$

式中：Δz 为像元高程差；d_s 为计算像元中心之间的距离。如果像元大小为 1，则两个正交像元之间的距离为 1，两个对角线像元之间的距离为 $\sqrt{2}$。如果多个像元的最大下降方向都相同，则会扩大相邻像元范围，直到找到最陡下降方向为止。找到最陡下降方向后，使用表示该方向的值对输出像元进行编码。

（2）变压器故障概率计算。通过前述积涝水平的计算，结合变压器安装高度来评估变压器的故障概率。假定变压器的安装高度为 h_0，当积涝深度 h_w 超过变压器安装高度时，变压器失效。当积涝深度小于变压器安装高度时，随着积涝深度的增加，变压器的故障概率也会有所增加，因此变压器故障概率与积涝深度的关系可用下式来建模

$$P_w = \begin{cases} 1 & h_w > h_0 \\ K_w e^{\frac{h_w - h_0}{T_w}} & h_w \leqslant h_0 \end{cases} \qquad (6-2)$$

式中：K_w 为常数，可通过历史数据来设置。

（二）台风灾害预警方法

1. 风速预测方法

风速预测是配电网风害预报的基础。从科学研究范式看，风速预测可分为统计型方法、因果型方法和混合型方法。

（1）统计型方法。统计型方法采用各类回归技术从历史数据时间序列中发现相关关系，建立用于风速预测的线性或非线性外推（映射）模型。由于历史数据序列反映了全部实际因素的影响，故基于统计观点的外推模型可以回避对物理机理掌握不够的困难。统计型方法隐含的前提是：被测系统以缓慢而渐进的方式演化，即天气系统未来演化的统计规律与样本窗口内相同。因此，统计预测模型一般用于超短期或短期预测，其误差随着预测时效的增加而迅速加大，而当系统结构或外部因素突变时，预测可能完全失效。即使在系统缓慢变

化期间，统计方法也只能控制平均误差，而难以控制最大误差。这些因素都严重地影响常规外推法的适用性。

（2）因果型方法。因果型方法不依赖于历史统计数据，而是根据气象、地形、环境等信息建立详细的风速预测模型，适用于中长期预测。以数值天气预报为代表的物理方法根据流体力学和热力学模型，在已知的大气初值和边值条件下，逐个时段地求解天气演变过程，再结合地形地貌信息，求取不同高度的风速、风向等信息。

美国国家大气研究中心开发研制的新一代中尺度数值天气预报系统 WRF（Weather Research and Forecasting Model）已被广泛应用于中尺度及区域大气数值模拟，在数值天气预报、空气质量研究等方面有很好的模拟能力，是当前最先进的大气数值模式之一。中尺度预报模式 WRF 的输出结果可以通过小尺度边界层诊断模式 CALMET 做进一步降尺度分析。CALMET 对 WRF 模式预测输出的气象要素进一步进行地形动力学、斜坡流、热力学阻塞等诊断分析，以发散最小化原理求解三维风场，根据湍流参数化方法计算湍流尺度参数，最后输出逐时风场、混合层高度、大气稳定度以及各种微气象参数等。

因果型方法的精度依赖于模型、参数及边界条件的精度，对大尺度空间的预测效果较好，当信息不足而用主观假设替代时，可能严重影响预测精度。此外，计算量大也阻碍了因果型方法在风速超短期预测中的应用。

（3）混合型方法。混合型方法将数据驱动的统计型方法和模型驱动的因果型方法结合起来。风速的混合型预测方法主要是统计动力预报方法，以数值天气预报模式为基础，考虑未来大气环境和海洋状况的变化建立预报模型。统计动力预报方法包括完全预报（Perfect Prognostic，PP）法和模式输出统计（Model Output Statistics，MOS）法。PP 法是使用历史资料与预报对象同时间的实际气象参量做预报因子，建立统计关系。PP 法的优点是可利用大量的历史资料进行统计，因而得出的统计规律一般比较稳定可靠。PP 法的缺点是含有统计关系造成的误差，主要是无法考虑数值模式的预报误差，因而使预报精度受到一定影响。MOS 法是由数值预报模式得到某时段的各种变量，以及局地天气观测资料和预报量之间建立统计关系式所组成。在应用时，将数值预报模式输出的变量及局地天气观测资料代入方程，就可以得到预报方程。按这种方式所建立的预报系统就会自动地考虑数值预报的偏差以及地方性气候特点。MOS 法能够引入许多完全预报方法不易取得的预报因子，如垂直速度、边界层位温等。经过严格对比，证明 MOS 预报比完全预报有更高的精度。

综上所述，PP 法原理比较简单，依赖历史数据程度高，导致预报精确度具有不稳定性。MOS 方法是目前比较流行的统计预报方法，随着数值预报模式的发展和数值产品质量的提高，MOS 方法的预报精度越来越好。

2. 台风预报模型

与输电网相比，配电网网架结构相对薄弱，容易遭受台风灾害影响而导致大面积停电事故。从近些年电网台风受灾情况来看，台风对配电网的影响较输变电更为明显。因此，有必要针对配电网开展台风预报和预警工作。台风预报主要包括台风路径和强度预报。

（1）台风路径预报。对于配电网的防台减灾而言，首先需要知道台风未来途径的区域，而这主要取决于台风的移动路径（一般用 3h 或 6h 间隔的各台风中心位置连线来表示），因此台风路径预报是防台减灾的首要问题。随着沿海配电网规模的快速发展，精确的台风预报显得越发重要，尤其是在登陆台风可能侵袭的情况下，路径预报更是配电网防台部署的重要指导依据。

在地面天气图上，台风环流的平均半径为数百千米，属于中尺度天气系统，其运动受到环境场更大尺度（数千千米）气压系统的影响，同时受到台风内部更小尺度（数千米至数十千米）系统的影响。台风的移动也会受到下垫面（海表、陆表）状况、地形（如山脉）等的影响，因此台风的路径预报涉及多方面的复杂因素。

传统的台风路径业务预报方法主要包括天气气候学预报方法和环境引导气流预报方法。天气气候学预报方法有外推预报方法、相似预报方法和气候持续性预报方法等。环境引导气流预报方法是将台风看做没有内部结构的刚体。引导气流是控制和影响台风移动的最主要外部因子，大约超过 70% 的台风移动与之有关。计算引导气流的技术困难在于分离台风自身的影响，以及确定合适的层次或者多层加权平均来计算。

30 余年来，台风路径客观预报方法得到了普遍应用，包括统计预报方法、动力预报统计法、预报专家系统、模式输出统计释用法、神经网络法、集成预报法、动力释用预报等，大多采用台风历史资料作为统计样本，在对影响台风移动的大尺度环境场气压系统、环境场引导气流、海洋要素、下垫面状态做相关分析的基础上，选择具有天气学、大气热力动力学等物理意义的因素作为预报因子，一般以特定时效的经向和纬向移动距离作为预报量，采用各种数理统计方法对历史样本研究建立用于预报台风路径的模型。

台风路径数值预报方法的理论基础是基于牛顿力学第一定律和能量守恒定律的流体动力、热力学，它从根本上克服了主观和定性的缺陷。对于台风而言，通用的数值预报模式还不能完全胜任，鉴于台风内在结构及其与环境气压系统和海–陆下垫面相互作用等独特性，台风路径数值预报模式系统是在数值天气预报模式框架基础上研发的专业应用的数值预报系统，其预报初始场中含有三维独特结构的台风系统，在模式中含有反映台风独有的物理过程计算方案和针对台风建立相应的物理过程。模式变量初始场中的台风与实际状况有较大的差异，因此台风路径数值预报首先要解决的问题是台风初始场的形成技术。

我国台风数值预报业务模式主要有国家气象中心全球台风路径数值预报模式 GMTTP、上海台风研究所热带气旋数值预报模式 STI_TCM 和 GRAPES_TCM、广州台风数值预报模式和沈阳区域气象中心热带气旋预报模式。

（2）台风强度预报。台风强度预报的对象是近中心最大平均风速或台风中心最低气压。台风强度预报水平在过去 20 多年里提高得十分缓慢。从最近几年的情况看，我国中央气象台的 24h 和 48h 小时预报的平均误差分别为 4～6m/s 和 5～8m/s。

全球各台风预报中心在业务中使用的强度客观预报方法包括外推、统计、统计动力和数值预报方法，此外还使用一些强度预报指标。目前最优的是统计和统计动力学预报方法。统计预报方法主要是基于气候持续性因子（包括台风的当前位置和强度以及过去 12h 的变化趋势等）进行预报。除此之外，还可引入当前和前期大气环境因子、洋面温度因子以及卫星影像因子建立统计预报模型。台风强度的统计动力预报方法是以数值天气预报模式为依托，考虑未来大气环境和海洋状况的变化建立预报模型。统计动力预报方法的部分误差源自数值天气预报模式对未来大气状况的预报误差、台风路径预报误差，以及统计动力预报方法选用的预报路径与模式预报路径之间的偏差。

进行台风强度预报的数值天气预报模式有很多，包括全球模式、区域模式以及专业的台风模式。因为空间分辨率低，这些结果通常是将模式预报的强度变化趋势叠加在初始观测强度上而得出。总体上，当前数值模式的台风强度预报能力仍然不如统计或统计动力预报模型。集合或集成预报是提高天气预报准确率和分析预报不确定性的一个有效手段。

台风强度预报的难点问题主要是强度的突然变化过程，包括迅速增强和迅速减弱。此外，对登陆台风而言，其登陆之后是迅速消亡还是长时间维持也是预报难点之一，不少严重的登陆台风都与台风登陆后长时间维持不消并深入内陆引起（特大）暴雨有关。由于台风强度变化涉及复杂的多时空尺度相互作用（从对流尺度到天气尺度），对相关物理过程认识的缺乏制约了客观预报技术的发展。在短期内，业务预报能力有望通过集成或集合预报技术来提高，而从长远看，将依赖于业务数值预报系统的发展，包括大气－海洋－波浪耦合、各种非常规探测资料及其同化以及对流活动的显式描述等。

3. 配电杆塔台风灾害预警

（1）基于气象网格数据的配电杆塔台风灾害预警方法。

1）基于气象网格数据的台风静态模型。台风在风眼半径处达到最大风速 V_{eye}，考虑到近地面风眼内可能出现的湍流与涡旋，可以合理假设风眼内风速等于 V_{eye}。眼墙外环流风速 V_R 则随台风半径增大而逐渐衰减。考虑到台风因自身移动而产生的移行风速 V_T，台风的实际风速 V_G 等于环流风速 V_R 与移行风速 V_T 两个矢量的合成。一般而言，V_T 数值明显小于 V_R，因此 V_R 可以视为对配电网杆塔破坏起主要作用。由以上分析可知，风眼风速最大，因此对配电网具有决定性的破坏作用。基于经典 Rankine 模型的台风风场可描述为

$$V_p = \begin{cases} V_{eye} & L_p \in [0, R_{eye}] \\ \dfrac{V_{eye} R_{eye}}{L_p} & L_p \in (R_{eye}, \infty) \end{cases} \qquad （6-3）$$

式中：V_{eye} 为风眼风速；R_{eye} 为风眼半径；L_p 为 p 点到台风中心的直线距离。

2）基于灾损统计的配电网杆塔故障概率曲线拟合。配电网中 10kV 杆的故障率与台风风速关系可采用指数型曲线函数拟合

$$\lambda_s = \begin{cases} 0 & V \in [0, V_{min}] \\ e^{K(V-V_{ex})} & V \in [V_{min}, V_{ex}] \\ 1 & V \in [V_{ex}, \infty) \end{cases} \qquad （6-4）$$

式中：V_{min} 为电杆设计风速；V_{ex} 为杆塔的极限风速，可根据实际或破坏性试验确定（可取 $2V_{min}$）；K 为待确定模型系数。

参照可靠性评估理论中元件失效概率计算，单个杆塔发生故障的概率为

$$P_s = 1 - e^{-\frac{\lambda_s}{1-\lambda_s}} \tag{6-5}$$

式中：当 $\lambda_s = 1$ 时，单个杆塔线路必然发生故障，$P_s = 1$。

将单个杆应灾能力以故障概率形式表示，则故障率与风速关系如图 6-3 所示。

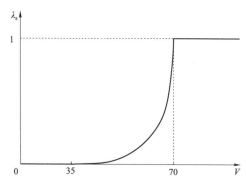

图 6-3 单个杆塔故障率与所受风速值的近似关系

由式（6-4）、式（6-5）可见，参数 K 对倒断杆概率计算具有决定性作用。K 值可根据历史台风来评估。设某历史台风经过某配电网所在区域，则其不同风速所对应的风圈随台风中心前行会在某地区扫出一个特定的受灾带。这样一来，即可根据气象台所提供的台风数据及经典 Rankine 模型，推算不同风速所对应的风圈，并结合地理 GIS 系统确定受灾带。

对于环流风速 V_i 所对应受灾区域带，该区域内倒断杆概率可表述为

$$P_{outage}^{(V_i)} = \frac{N_{outage}^{(V_i)}}{N_{total}^{(V_i)}} \tag{6-6}$$

式中：$N_{total}^{(V_i)}$ 为区域中所有杆塔总数；$N_{outage}^{(V_i)}$ 为区域内倒塔总数。

由式（6-6），针对多个不同受灾带可得到不同风速 V_i 所对应的 $P_{outage}^{(V_i)}$。定义单个杆塔发生故障概率拟合指标为

$$F_{appro} = \sum_i (P_{outage}^{(V_i)} - P_s^{(V_i)})^2 \tag{6-7}$$

由式（6-7），F_{appro} 越小则曲线拟合效果越好。

杆塔应灾能力曲线最佳拟合问题本质上是一个求取最优 K 值的问题，可通过建立优化模型求解非线性方程得到。但由于式（6-4）只含一个待求变量 K，因此可直接通过以下简单计算得到最优 K 值。

最优 K 值计算流程如下：

① 对 K 值可能区间 $[0.05，0.2]$ 进行 50 等分。

② 根据式（6-5）计算不同 K 值所对应的 P_s 值。

③ 计算各 K 值所对应的拟合指标 F_{appro}。

④ 取 F_{appro} 最小值所对应的 K 作为最优 K 值。

（2）基于地理网格的配电线路台风灾害预警方法。

1）台风环境下考虑网格化微地形的配电网区域风场模拟。微地形对配电网区域微气象特征有较为关键的影响，为模拟还原台风环境下配电网所在地区的近地面风场，采用流体力学软件对配电网区域进行建模，并计算不同风速风向下的配电网近地面风场特征是一种较为合理的模拟方式，具体流程如下：

a. 基于 NASA 地理高程数据对配电网所在地区地貌高程建模。

b. 以 5m/s 为单位，对风速范围 35～70m/s 进行离散化处理，生成 8 个风速挡。

c. 以 45° 为单位，将入射风向离散为 8 个入流方向。

d. 基于步骤 b 与步骤 c 的 64 种组合，对配电网所在区域进行近地面风场模拟。某配电网所在区域近地面风场模拟效果如图 6-4 所示。

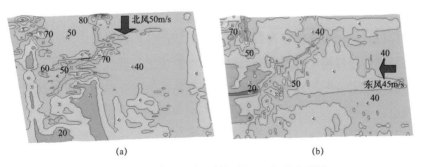

(a)　　　　　　　　　　　　(b)

图 6-4　配电网所在区域近地面风场数值模拟

(a) 北风 50m/s 入流　(b) 东风 45m/s 入流

图 6-4 表明，考虑微地形特征后，在不同入流风速下会产生不同的近地面风场。气体首先受到山体阻碍作用，气流会因过流面积的急剧减小而造成挤压

作用，在伯努利效应影响下山顶风速增加，而在背风坡由于流动分离产生了回流区，山体背风坡风速明显降低并出现尾涡。

2）基于地理网格的台风环境下配电线路应灾能力评估方法。对于某一特定配电网，可根据线路类型分为架空线区域（工厂区、郊区）与电缆区域（主要集中在城区）。由于电缆区域基本不受风影响，因此以配电网架空线区域为分析重点。

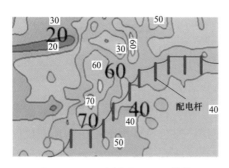

对某架空线配电线路，根据前面所得到的近地面模拟风场，即可与线路地理位置匹配并进一步得到线路风荷载，如图6-5所示。

得到各杆塔模拟风荷载后，即可计算各杆塔倒断杆故障概率曲线。根据串联系统可靠性公式，得到配电网整条配电线路发生故障的概率 P 为

图6-5　配电线路承受风荷载

$$P = 1 - \prod_{i=1}^{n}(1 - P_{s(i)}) \qquad (6-8)$$

台风灾害下配电线路故障概率计算流程如图6-6所示。

三、预警系统

通常来说，电网防范重大自然灾害监测预警系统分为"系统管理""信息采集""信息分析""预警发布""信息展示"五大模块。

（1）系统管理模块：主要功能是对整个系统进行管理。包括对基础数据、用户信息、权限分配、系统参数及公用功能组件进行管理，是应用系统的基础支持模块。

（2）信息采集模块：主要负责接收从外部业务系统取得的信息，主要包括气象信息、地震信息、水情信息、电网信息等。其次对其进行整理，得到系统可用的数据后供"预警生成"模块分析及"信息展示"模块展示。

（3）信息分析模块：是整个系统的核心，此模块包含两部分内容，分别是"信息分析"和"预警生成"。主要针对"信息采集"模块提供的信息进行分析和整理，实时判断是否需要发布预警信息。

（4）预警发布模块：其主要功能是完成"预警生成"模块生成的预警信息的发布。其发布对象主要是基础通信系统及应急指挥系统、大坝安全监测系统等专项系统。

（5）信息展示模块：是系统与本系统用户进行交换的窗口，其提供表格显示和地图显示两种方式对基础信息（如气象信息、水情信息等）及预警信息进行展示。

在系统架构方面，系统主要由数据持久层、业务功能层和表示层三层架构组成。① 数据持久层：为系统提供良好的数据支持。系统的建设需要地理空间信息数据、基面信息数据、在线监测数据、专家知识库、社会公共数据等。② 业务功能层：在数据持久层的基础上，对海量业务信息进行计算、分析，并建立各类业务数据的关联模型，实现对多业务系统数据信息的综合分析和展示，是系统建设的核心。业务功能层包含二维地理信息系统（GIS）服务、三维 GIS 服务、核心业务服务、控制服务、规则引擎 5 部分内容。③ 表示层：是以

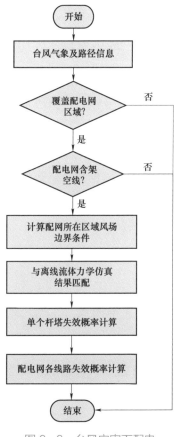

图 6-6　台风灾害下配电线路故障概率计算流程图

电网 GIS 平台为基础，对各灾害预测预警信息进行可视化直观展示。同时在灾害发生后，可在 GIS 中快速定位灾害的具体位置以及涉及的电网设备。

第三节　灾 中 监 测

灾中监测通过快速研判台风和洪涝导致的配电网停电故障，实现灾害造成的重要配电线路、站房和生命线工程用户等关键灾损信息的动态监测，保证应急物资调配、抢修优先等级安排、跨区支援力量投入、应急发电车临时供电等组织研判工作更加科学、快速，彻底解决电网防汛抗台指挥针对性不足的问题，

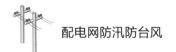

为灾后快速抢修发挥积极作用。

一、监测管理

在灾中应急响应阶段，应急指挥中心要及时跟踪气象监测信息。成立数据信息统计专业组，小组成员由应急指挥中心各部门值班人员组成，定期进行数据信息统计、分析、更新和数据交换。对应急指挥系统设备灾损信息进行审核，当数据异常时，组织调度、营销进行会商并确定。根据预案，对外信息发布由办公室、外联部负责。数据源由信息统计专业组提供。编制《安全生产应急工作简报》，应急微信平台定时发布灾损信息，向上级主管部门报送应急工作简报，并做好对外信息报送。

二、气象监测

（一）监测量

气象监测的监测量主要包括：气温、气压、湿度、云量、降水、风向和风速等。在我国，根据 12h 或 24h 的累计降雨量将降雨量级分为小雨、中雨、大雨、暴雨、大暴雨和特大暴雨六种等级。气象学中的 24h 以北京时间 20 时或 08 时为日界，即以前一日 20 时至当日 20 时或前一日 08 时至当日 08 时为统计区间，见表 6-1。

表6-1 降雨量级划分 mm

降雨量级	12h 降雨量	24h 降雨量
小雨	0.1～4.9	0.1～9.9
中雨	5.0～14.9	10.0～24.9
大雨	15.0～29.9	25.0～49.9
暴雨	30.0～69.9	50.0～99.9
大暴雨	70.0～139.9	100.0～249.9
特大暴雨	≥140.0	≥250.0

（二）监测手段

气象监测手段主要包括：自动气象站、卫星观测和雷达探测等。目前在气象监测中常见的雷达有脉冲多普勒天气雷达、风廓线雷达、激光雷达、双极化雷达、双波长雷达等,其中以脉冲多普勒天气雷达的应用最为广泛。脉冲多普勒气象雷达的工作波长多在 3~10cm,见表 6-2。其中在我国,多普勒气象雷达主要分为 C 和 S 两个波段。C 波段多普勒气象雷达主要分布在内陆和少雨地区,S 波段多普勒气象雷达主要分布在沿海和多雨地区。C 波段多普勒气象雷达一般可获取 150km 半径内区域的降水和风场信息,S 波段多普勒气象雷达可监测 400km 半径内区域的台风、飑线、冰雹、龙卷风、短时强降雨等天气,并可做到雹云和龙卷等中小尺度天气系统的高分辨率识别。

表 6-2 常见的气象雷达波长与探测气象目标

波长(cm)	频率(MHz)	波段	可探测的气象目标
0.86	35 000	Ka	云和云滴
3	10 000	X	小雨和雪
5.5	5600	C	中雨和雪
10	3000	S	大雨和强风暴

脉冲多普勒气象雷达提供的常见监测产品为雷达基本反射率图,它反映了目标区域内降水粒子的尺度和密度分布,数据单位用 dBZ 表示。脉冲多普勒气象雷达每 6min 回传一次雷达回波数据,以颜色深浅和数值大小表示雷达回波数据的强度。一般来说,回波强度越大,表示回波覆盖区域和回波即将经过区域出现强雷电、雷雨大风、短时强降雨、冰雹等强对流天气的可能性越大。

三、灾损监测

灾损监测主要针对各业务部门成熟应用的信息系统中的电网停复电信息、现场灾损等数据,以应急管理的视角进行数据融合和组织,生成直观图表,集中显示在公司应急指挥中心的大屏上,为公司应急领导小组的指挥决策提供数据支撑。

灾损监测需要业务部门协同合作,集成生产管理、电网地理信息、配电自动化、用电信息采集系统、设备状态监测、配电管理、物资管理、车辆管理和应急指挥信息系统数据,开展数据分析、挖掘与共享,构建洪涝和台风灾害下电网信息共享平台。

第四节 灾 后 抢 修

近年来，由极端灾害（如暴雨、台风等）引发的大规模停电事故愈发频繁，造成了巨大经济损失。当灾害结束后，配电网运行人员完成故障位置、故障原因探查等准备工作，并据此制订相应的故障恢复方案。在故障恢复阶段，应急发电车和抢修人员是灾害发生后配电系统停电管理的关键资源。一方面，对于部分地区的重要负荷，应急发电车临时停靠保证供电；另一方面，抢修人员规划前往各故障点的路线，对各故障点有序进行抢修。因此，为使配电网在尽可能短的时间内恢复正常供电，这两种资源的合理分配显得尤为重要。

一、架空线路灾害应急抢修

（一）配电网应急抢修设备时空分布特征

1. 应急发电车的配置

如图 6-7 所示，应急发电车方便灵活，具有较强机动性、方便操作、快捷环保等特点，在故障发生时，尤其是在一些关键负荷失电的情况下，只需将应急发电车开到抢修现场即可为关键负荷临时供电，减少经济损失，是十分有效的应急抢修方式。但由于应急发电车的能源有限，只能作为一种临时应急手段，不能长时间向电网持续供电，因此，在条件容许的时候还应对故障点进行及时抢修。

应急发电车实际上就是装有整套发电设备的专用车辆，可装配电瓶组、柴油发电机组、燃气发电机组等。它的主要类型如下：

（1）燃气轮机发电车。小型燃气轮机发电车使用柴油、天然气等作为

图 6-7 应急发电车

燃料，产生高温、高压气体，推进发电机发电。这种技术的特征是：发电容量相对其他类型发电车较大，一般在 30～5000kW。

（2）磁悬浮飞轮储能发电车。飞轮储能系统（Flywheel Energy Storage system，FESS）结合了当今最新的磁悬浮技术、高速电机技术、电力电子技术和新材料技术，使得飞轮储存能量有了质的飞跃，再加上真空技术的应用，各种损耗也非常小。其发电功率可达 200～500kW。

（3）柴油发电车。柴油发电车一般是由柴油机和发电机组组成，内置 8～10h 工作油箱，其功率一般可达 320～560kW。

虽然应急发电车能够快速恢复供电，降低经济损失，但由于其数量有限，在发生多个故障时，只能确保部分负荷失电点的正常供电。为了尽可能降低经济损失，首先应为最需要供电的故障点恢复供电，同时要注意应急发电车的容量应不小于该关键负荷点的负荷容量，否则，无法进行供电。

大规模停电通常会造成多个故障的发生，有时因电力系统基础设施遭到破坏，还需要进行一些抢建任务。这不仅使得电力恢复更加困难，也使得配电网抢修时间更长，因此，应急发电车作为关键负荷的电力保障措施，必不可少。

2. 现有应急资源及多种抢修模型

通常情况下，抢修资源是固定的，但为尽快完成大规模停电时配电网的抢修任务，需要从周边应急资源储备仓库中调集资源，以补充不足的资源。因此，在大规模停电下的配电网抢修模型中总资源是变化的。

多种执行方案可供配电网调度中心更加灵活安排调度资源和抢修任务。选择合适的执行方案可满足不同时间紧迫程度的需要，使得调度方案更符合配电网抢修的实际进度需求。在发生大规模停电时，关键负荷故障节点迫切需要恢复供电，虽然刚开始抢修时资源较紧缺，但在抢修开始后，各种资源会从其他地方调运进行补充。因此，在整个抢修过程中需要灵活改变抢修方案，以便充分利用资源尽快完成抢修任务。

（二）配电网抢修资源时空分布的要素分析

考虑到配电网抢修资源对抢修任务的依赖，应对可能影响资源分布的各种要素进行分析。在此之前，需明确配电网抢修任务的含义。抢修任务是指从故障抢修系统接收报修信息并判定其需要抢修队赶赴现场抢修，从接收抢修任务信息开始，到抢修队完成抢修作业恢复供电时结束，中间包括抢修资源的分布、现场作业和资源恢复的过程。在抢修任务中，每一个故障都可以看做配电网中的一个节点，然而受配电网的技术及网络限制，配电网抢修任务与项目调度任务有很多不同。以下对抢修任务从其自身性质、限制条件、工作流程等方面进行要素分析。

1. 执行模式

供电企业可采取不同的资源配置方式对抢修点进行抢修，通过增加资源的消耗以换取抢修时间的减少，保证抢修任务尽快完成，减少经济损失。在常规配电网抢修模型中，按照标准的资源配置方式进行抢修，即单模式的任务调度模型。对于大规模停电下的配电网抢修，设抢修任务 j 有 M_j 种执行方案，方案执行的工期为 t_{jm}。考虑到配电网抢修任务的特殊性和工作流程，将任务工期分为三个部分，分别是抢修任务准备时间、抢修现场进行时间和车辆返程时间，抢修任务 j（$j=1, 2, \cdots, J$）占用的第 k（$k=1, 2, \cdots, K$）种可再生资源消耗量和第 n 种不可再生资源消耗量分别为 r_{jmk}^{ρ} 和 r_{jmn}^{v}。

2. 逻辑关系

检修人员调度问题本质上是一个车辆路径问题，可定义如下：对于一系列的故障元件节点，检修人员组从检修中心出发，按照一定的顺序对故障元件逐一进行维修之后返回检修中心，其目标是在最短的时间内完成所有故障元件的修复任务。假设检修中心个数为 D，检修中心索引为 d，检修方案的索引为 c，且所有检修方案构成的集合为 $\mathcal{C}_d$。检修中心 d 和所有故障元件节点构成的集合表示为 $\mathcal{D}_d = \{0,1,2,\cdots,F\}$，其中 0 表示检修中心 d 的节点编号，1，2，$\cdots$，F 表示故障元件的节点编号。定义二进制变量 $\{x_{d,c}^{r,s}, r,s \in \mathcal{D}_d, c \in \mathcal{C}_d\}$ 和 $\{y_{d,c}^{r}, r \in \mathcal{D}_d, c \in \mathcal{C}_d\}$。当检修中心 d 中的检修人员采用 c 方案经 r 行驶到 s 时，$x_{d,c}^{r,s}$ 取值为 1，否则为 0。当检修中心 d 中的检修人员采用 c 方案途经 r 时，$y_{d,c}^{r}$ 取值为 1，否则为 0。上述两个变量关系如下

$$y_{d,c}^{r} = \sum_{s \in \mathcal{D}_d \backslash \{r\}} x_{d,c}^{r,s}, r \in \mathcal{D}_d, c \in \mathcal{C}_d \qquad (6-9)$$

对于检修中心 d，车辆路径问题包含的约束条件如下

$$\sum_{d\in[D]}\sum_{c\in\mathcal{C}_d}y_{d,c}^r=1,r\in\mathcal{D}_d\setminus\{0\} \qquad (6-10)$$

$$\sum_{s\in\mathcal{D}_d\setminus\{r\}}x_{d,c}^{r,s}-\sum_{s\in\mathcal{D}_d\setminus\{r\}}x_{d,c}^{s,r}=0,r\in\mathcal{D}_d,c\in\mathcal{C}_d \qquad (6-11)$$

$$\sum_{r\in\mathcal{D}_d\setminus\{0\}}x_{d,c}^{0,r}=1,c\in\mathcal{C}_d \qquad (6-12)$$

式中：$[D]$ 为取值从 1 到 D 的整数集合。

式（6-9）表示每个故障元件仅采用一种方案进行维修。式（6-10）表示检修中心 d 的检修人员采用 c 方案，到达某一故障元件节点完成检修任务后就离开该节点。式（6-11）表示检修人员组采用的所有方案均为从检修中心出发前往故障节点。式（6-12）表示所有检修人员组完成检修任务后均回到检修中心。

对检修中心 d 中的检修人员，设其采用 c 方案时到达故障元件 r 的时间为 $t_{d,c}^r$，修复该故障元件所需时间为 $\hat{t}_{d,c}^r$，从元件 r 至元件 s 的行驶时间为 $t_{d,c}^{r,s}$，则有

$$t_{d,c}^r-t_{d,c}^s+\hat{t}_{d,c}^r+t_{d,c}^{r,s}\leqslant M(1-x_{d,c}^{r,s}) \qquad (6-13)$$

$$\begin{cases}0\leqslant t_{d,c}^r\leqslant M\cdot y_{d,c}^r,r\in\mathcal{D}_d\setminus\{0\}\\ t_{d,c}^r=t_{\text{ini}},r\in\{0\}\end{cases} \qquad (6-14)$$

式中：M 为一足够大的正数；t_{ini} 为检修人员组从检修中心启程前往故障节点的统筹准备时间。

设修复故障元件 r 的完成时间为 τ_d^r，可得

$$\tau_d^r\geqslant\sum_{c\in\mathcal{C}_d}(t_{d,c}^r+\hat{t}_{d,c}^r y_{d,c}^r),r\in\mathcal{D}_d\setminus\{0\} \qquad (6-15)$$

引入二进制变量 $z_{d,t}^r$ 表示故障元件 r 修复的时段点。若故障元件 r 在 t 时段由检修中心 d 修复完成，则 $z_{d,t}^r$ 取值为 1，否则为 0。

$$\sum_{d\in[D]}\sum_{t\in[T]}z_{d,t}^r=1,r\in\mathcal{D}_d\setminus\{0\} \qquad (6-16)$$

$$\tau_d^r\leqslant\sum_{t\in T}t\cdot z_{d,t}^r\leqslant\tau_d^r+1-\varepsilon,r\in\mathcal{D}_d\setminus\{0\} \qquad (6-17)$$

式中：ε 为一任意小的实数；$[T]$ 为取值从 1 到 T 的整数集合。

引入二进制变量 q_t^r 表示故障元件的修复状态。若在时段 t 故障元件 r 已修

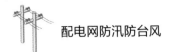

复完成，则 q_t^r 取值为 1，否则取 0。

$$q_t^r = \sum_{d\in[D]}\sum_{k=1}^{t-1} z_{d,k}^r \qquad (6-18)$$

3. 资源需求

配电网抢修所需要的资源主要包括人力、物资、工具、资金及电网备用资源等。配电网抢修的效率受到应急资源配置、应急决策能力、应急响应能力等影响，其中，应急资源储备配置情况处于决定性地位，应急储备的资源越多，配电网恢复效率越高。通常配电网内的资源储备有限，否则会造成抢修成本过高或大量资源闲置。通过优化资源配置方案合理分配有限的资源，可最大限度地减少经济损失。

电力应急资源的基本属性有两种：资源种类和资源数量。资源种类的多少取决于对电力故障风险影响因素的认识，资源数量的多少取决于对电力故障风险影响程度的估计。此处将资源分为可再生和不可再生两种资源。

可再生资源的约束表示为

$$\sum_{c\in\mathcal{C}_d} y_{d,c}^r \cdot r_{c,k}^\rho \leqslant R_k^\rho, \forall k \qquad (6-19)$$

式中：$r_{c,k}^\rho$ 为采取 c 方案时可再生资源 k 的需求量；R_k^ρ 为可再生资源 k 的最大可获取量。

不可再生资源约束为

$$\sum_{d\in[D]}\sum_{c\in\mathcal{C}_d} y_{d,c}^r \cdot r_{c,n}^v \leqslant R_n^v, \forall k \qquad (6-20)$$

式中：$r_{c,n}^v$ 为采取 c 方案时不可再生资源 n 的消耗量；R_n^v 为不可再生资源 n 在完成所有抢修任务过程中的最大消耗总量。

4. 点间距离

配电网中的各抢修任务均为独立且具体的活动，在整个活动中，资源会被运送到各个抢修点。为方便建模，本文将抢修地点分布图抽象为以 (x_r, y_r) 表示抢修点 r 位置的二维坐标图，抢修点 r 与抢修点 s 之间的距离为

$$l_{rs} = \sqrt{(x_r - x_s)^2 + (y_r - y_s)^2} \qquad (6-21)$$

式中：l_{rs} 为抢修点 r、s 之间的距离；x_s、y_s 为抢修点 s 位置的坐标点。

抢修点 r 与检修中心 (x_0, y_0) 的距离为

$$l_{r0} = \sqrt{(x_r - x_0)^2 + (y_r - y_0)^2} \qquad (6-22)$$

式中：l_{r0} 为抢修中心距抢修点 r 的距离。

5. 任务工期

抢修任务包括抢修资源准备阶段、抢修作业现场进行阶段与抢修资源恢复阶段三部分。抢修任务的工作时间，亦称抢修任务工期，也由三部分构成：抢修准备时间、现场抢修时间和抢修车辆返程时间。设每个抢修任务在实施时所需资源必然满足需求，且均存储在应急资源调度中心，无需从其他地方调运，故抢修所需资源的准备时间较短，可忽略不计。因此，抢修准备时间即是抢修车辆从检修中心或某一抢修点到达下一抢修点的时间，可表示如下

$$\begin{cases} t_{d,c}^{0,r} = \dfrac{l_{r0}}{v} \\ t_{d,c}^{r,s} = \dfrac{l_{rs}}{v} \end{cases} \qquad (6-23)$$

式中：v 为抢修车辆的速度。

对于不同的抢修突发状况，现场抢修任务时间的计算方式不同。对于一般的抢修任务，现场抢修时间通常是该类抢修任务的标准化工作时间，是一个定值；对于大规模突发事件所产生的抢修任务，由于其时间紧迫性和对社会的重大影响，通常会以增加资源（如加派抢修人员等）的方式来减少现场抢修时间，以尽早恢复供电，这就需要制订多种执行模式以供选择。抢修车辆返回时间则需要根据实际情况来计算，若其直接进行下一个抢修任务，则不需要进行资源恢复；若不直接进行下一个抢修任务，则需要返回检修中心。

（三）配电网应急能力评估模型构建

应急能力评估是一个以任务抢修顺序和任务抢修开始时间为控制变量的多约束、多目标优化问题。由于抢修任务数目较多，且受多重因素影响，而抢修队伍及各种应急资源有限，故需对抢修任务的应急抢修顺序做出合理安排，以提高配电网抢修效率，保障供电可靠性。配电网抢修资源调度问题的优化目标可以从以下几个方面进行考虑：

（1）通过将完成既定抢修任务的抢修小组就近安排，减少抢修小组到达抢修点的时间，以提高所有抢修任务的抢修效率。

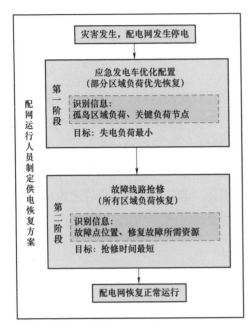

图 6-8　两阶段供电恢复方案

（2）优先对负荷减供严重且部分负荷等级较高的故障点进行抢修，以减少因停电造成的各种损失和影响。

（3）要求形成任务抢修顺序最优的调度方案，以最快的速度完成全部故障抢修作业，最大程度上节约抢修时间。

综上所述，该模型以设备故障造成的社会经济损失和所有抢修任务完成所用时间作为优化目标。

如图 6-8 所示，大规模停电下的配电网抢修任务是以应急发电车优先配置，抢修队随后进行抢修作业来保证关键负荷快速恢复供电。为确保整个抢修工作快速高效完成，以社会经济损失最小和抢修时间最短为目标建立两阶段优化模型。

1. 应急发电车优化配置模型

应急发电车的可供电时间由其携带的燃料或储备的能量决定，假设每台发电车所携带的燃料足够为关键负荷点持续供电，直到抢修小组完成抢修点的抢修作业。应急发电车优化配置阶段是以应急发电车为负荷节点临时供电而减少的损失为目标，其目标函数和约束条件如下

$$F_1(x) = \max \sum_{a \in A} \omega_a L_a \qquad (6-24)$$

$$\begin{cases} \sum_{a \in A} V_a \leqslant N_{\max} \\ \sum_{a \in l_a} V_a \leqslant 1 \end{cases} \qquad (6-25)$$

$$\sum_{a \in l_a} L_a \leqslant P_{a,\max} \qquad (6-26)$$

式中：a 为配置应急发电车的负荷节点；A 为可配置发电车的节点集合；ω_a 为负荷节点 a 的权重；V_a 为是否配置发电车的 $0-1$ 标识变量；L_a 为节点 a 恢复的负荷功率；l_a 为任意孤岛区域负荷节点数目。

式（6-25）中第一行表示待配置的应急发电车总数为 $N_{\max}$；第二行表示每个孤岛区域最多接一台应急发电车。式（6-26）表示每台应急发电车可恢复的最大负荷功率为 $P_{a,\max}$。

2. 配电网灾后应急能力评估方法

假设节点电压、线路潮流均满足配电网运行约束条件，在该阶段主要考虑逻辑结构约束、可再生与不可再生资源的约束等。兼顾灾后多重因素的配电网应急能力评估方法主要考虑了灾后物资调配总量、时间和空间综合成本，为减小社会经济损失，应在最短的时间内完成所有故障的抢修任务，使配电网恢复正常供电。因此，灾后应急能力评估模型的目标函数如下，模型约束条件见式（6-9）～式（6-23）

$$F_2(x) = \min \sum_{d \in [D]} \sum_{r \in \mathcal{D}_d \setminus \{0\}} \tau_d^r \qquad (6-27)$$

二、配电站房灾害应急抢修

1. 配电站房抢修应用

配电线路不停电作业，就是在保证向用户不停电或少停电的情况下，对线路及其附属设备进行施工、检修及抢修工作，为企业和社会创造更大的价值。随着我国经济快速发展，高层建筑愈来愈多，楼房消防、高压水泵等应急和生活必需设备对电力供电可靠性的要求越来越高，基本不允许停电。城市发达地区电网建设基本都为双电源网架结构，然而配电站房、箱式变电站内部设备等仍为单一设备，如环网柜。当环网柜自身出现故障或需要例行检修时，其负荷侧发生停电。由于高层建筑的配电站房均建设在楼层地下室或一层，抢修车辆快速抵达现场并进行修复或对配电站房进行不停电检修，已经成为配电网作业的迫切需要。

2. 配电站房抢修方法

目前配电站房的抢修或例行检修主要有两种方式。一种是采用应急发电车，临时对高层建筑进行供电，从而实现配电站房的停电检修。采用移动发电车供电，需先把要检修的线路、设备从电网中隔离出来，再使用发电车对停电用户进行供电，以避免造成环流和倒送电，引起事故。发电车可长时间供电，但也存在如下缺点：需要较长时间进行敷设电缆、机组启动等工作，时效性差；受道路条件限制，车辆外形尺寸不能过大，导致发电机组的功率不能配置较高，供电功率有限；同时发电机组需消耗大量燃油，经济性差，且存在噪声污染。第二种是采用旁路作业设备，通过旁路作业车转供负荷，实现对高层建筑的供电。旁路作业设备转供负荷，可克服第一种方式经济性差、噪声污染的缺点，但旁路作业车辆准备时间长、敷设电缆数量多导致其时效性差，仅适用于计划检修，不能满足配电站房的快速抢修要求。针对以上问题，提出一种保证居民正常供电的城市配电站房快速抢修方法，该方法可用于解决配电站房、箱式变抢修停电时间长、成本高、效率低等问题。

以城市配电站房为例，如图 6-9 所示，配电站房内设有高压室、变压器室和低压室，高压室包括 10kV 母线和环网柜，环网柜内设有高压开关（101、102、113、114），变压器室内设有变压器一和变压器二，低压室包括 0.4kV 的 I 段母线、II 段母线和低压开关（401、402、430）。

当配电站房中的环网柜发生事故无法正常供电时，箱变车可替代环网柜接入配电网，暂时向用户侧负荷供电。事故发生时，箱变车可停留在配电站房附近，通过外部电缆线 3、6、7 分别接入配电站房的高压预留接口 8、10kV 转接头 13、低压预留接口 18 和 19。在正常运行时，为确保 0.4kV 低压母线正常供电，低压开关 401、402 和高压开关 113、114 一直处于接通状态。

具体方案实施的工况可根据环网柜故障形式分为：环网柜突发故障抢修、环网柜例行检修。此两种形式又根据负荷状况分为：低负荷（配电站房两台变压器负荷小于 40%）、中等负荷（配电站房变压器负荷在 40%~60%）、满负荷（配电站房变压器接近满载）。环网柜例行检修时，一般选在低负荷时段进行维护、测试工作。

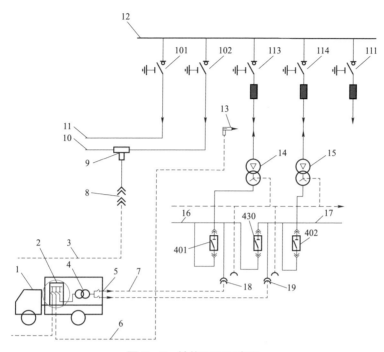

图 6-9 抢修原理示意图

1—箱变车；2—箱变车高压柜；3—箱变车 10kV 高压引入线；4—箱变车内变压器；5—箱变车 0.4kV 输出开关；
6—箱变车 10kV 输出线；7—箱变车 0.4kV 输出线；8—高压预留接口；9—高压预留分支接头；
10—高压进线端二上级开关；11—高压进线端一上级开关；12—配电站房高压柜；13—10kV 转接头；
14—配电站房内部变压器一；15—配电站房内部变压器二；16—配电站房 0.4kV 的 I 段母线；
17—配电站房 0.4kV 的 II 母线；18—低压预留接口一；19—低压预留接口二

根据变压器故障形式分为：变压器突发故障停电，或检修、更换新变压器且负荷大于 60%。因配电站房内一般设置两台变压器，在负荷小于 60%时，可采用 1 台变压器带载全部负荷的运行方式，两台变压器同时出现故障的情况属于小概率事件，仅考虑负荷大于 60%，单台出现故障的工况。

环网柜突发故障抢修与例行检修工况下的检修措施一致，不同的是后者需要考虑变压器是否退出运行。在突发故障抢修情景中，考虑存在低负荷、中等负荷、满负荷三种不同程度的带载负荷工况，分别为工况 1、2、3。根据工况出现的可能性设置相应权重系数。为确保各工况下故障顺利抢修，制订开关运行备选方案。

例行检修工况下不仅需要向用户侧保持正常供电，变压器也应退出运行以便进行检修。为保证低压侧母线正常供电，仅对其中一台变压器进行检修。为

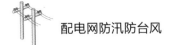

确保变压器安全退出运行，需断开其两端的高压侧和低压侧开关。

3. 灾后进水配电站房抢修处理典型经验

组织开展受淹配电站房应急抢修。一是按照"先复电、后抢修"要求，对具备接入条件的小区采用发电车（机）对末端负荷进行供电，发电车功率无法满足时确保电梯、水泵等公共负荷优先恢复。二是备齐抽水（如抽水泵、龙吸水）、清洗（如高压水枪、气枪）、烘干（如烘干机、电热枪）、排风（如送风机）、试验等装备和备品物资，按照"水退人进"的原则进场作业。三是严格执行抢修各项安全措施，重点落实封闭空间有毒气体检测和临时施工电源防漏电等要求。四是有序开展设备清洗、清洁、干燥工作，根据设备受淹程度差异化开展绝缘、耐压等试验，合格后进行送电。五是因配电站房受淹抽水造成用户已较长时间停电，为提升复电效率，对居民等非重要用户可采用"解除二次、确保一次"的原则加快抢修复电进度，后期再进行消缺。

（1）工作内容简介。以常见的单座住宅配电站房为例，主要涉及 4 面高压柜、2 台变压器、3 条高压电缆、10 面低压柜及配套低压馈线电缆。

（2）人员、工器具及装备配置。

1）工作人员配置方面：工作负责人、工作票签发人、安全员、配电网调控人员各 1 个，8 个检修、保护、试验全专业技能工作人员，总计 12 人。

2）个人装备部分：工作服、安全帽、雨衣、雨靴、对讲机、头灯、携带式照明装置及个人常用工器具包。

3）抽水及烘干装置：燃油烘干机 4 台、抽水机 2～3 台、高压冲洗水枪 2～3 套、排风机 2～3 台、空气压缩机 2 台、大功率电吹风 3 把、若干小型电吹风和吸水性布料。

4）电气试验装置：绝缘电阻表、继电保护测试仪、工频耐压试验仪、直流电阻测试仪、回路电阻测试装置、直流试验电源、电缆耐压测试仪、高压开关综合测试仪、发电机各 1 套（台）。

5）应急照明装备：中大型应急照明灯具配置 4～5 台，其中 2 台自带发电机组的大型应急照明装置，2～3 台中型普通储能式应急照明灯具。

6）防护器具：复合式气体检测仪 2 台，便携式氧气瓶、呼吸器、护目镜、N95 口罩、85%酒精免洗消毒液、防蚊虫喷剂等参照抢修队伍人员数量配置。

7）其他：纸质事故应急抢修单（或工作票）、指令票、操作票各两本。柴油 240L（每台燃油烘干机 60L）、汽油 30L，机油、二硫化钼、凡士林若干。

（3）工作步骤。该项工作主要有以下几个步骤：现场图纸等材料准备—开展现场联合勘察—配电站房积水处理—填写事故应急抢修单（或工作票）、指令票、操作票等—现场安措布置—办理工作开工手续—设备清洗—擦拭设备上水分—设备烘干—设备擦拭—电气试验—办理验收及工作终结—设备送电。

1）现场图纸等材料准备。工作负责人联系属地供电部运维人员提供现场图纸、系统单线图等材料，熟悉现场设备接线情况。

2）开展现场联合勘察。工作负责人、随队配调、配电网操作人员与属地供电部运维人员联合开展现场勘察工作，共同核对配电站房上一级电源点和低压馈线电缆对侧设备的实际状态，确保现场站房设备处于停电状态。

3）配电站房积水处理。工作负责人安排抢修人员使用 2～3 台抽水机对站房（积水 40cm）进行排水处理 1～2h。

4）填写事故应急抢修单（或工作票）、指令票、操作票等。联合勘察完毕后，工作负责人负责填写事故应急抢修单（或工作票），随队配调人员负责审查工作票和填写纸质指令票，配电网操作人员负责填写操作票。纸质工作票填写完毕后由支援队伍工作票签发人员进行签发。

5）布置抢修票现场安全措施：属地供电部运维人员（可授权支援队伍配电网操作人员）执行工作票安全措施，将上一级电源点转为检修状态；支援队伍操作人员根据随队调度员指令完成配电站房内部及对侧全部安全措施。

6）办理工作开工手续。工作负责人与随队配调人员办理工作许可等开工手续。

7）设备清洗。进入站房前使用复合式气体检测仪检查有毒气体等情况。

a. 工作负责人安排 2～4 人使用高压水枪进行设备表面及站房内部墙面、地面冲洗，剩余人员拆除电缆两端连接及开关柜前后面板。

b. 站内设备拆离部分：安排 4～5 人负责高低压开关设备登记并拆除（抽出），抽屉式低压开关、高压手车开关二次拆解后安排一把高压水枪并逐一进行细致清洗。

c. 站内设备未拆离部分：高压开关柜、变压器本体安排 2 把高压水枪清洗。

8）擦拭设备上水分。工作负责人组织人员使用吸水性布料对设备上水分进行擦拭。

9）设备烘干。安装布置烘干机、排风机开展设备烘干处理工作。

a. 准备 2 台燃油烘干机，调整烘干机位置进行站房环境及高低压设备内部烘干处理；

b. 调整其余 2 台燃油烘干机位置，对拆解清洗后的高低压开关等设备进行烘干处理。

c. 根据现场实际情况布置排风机，在保证站房内温度的同时加强站房内部潮湿气体排出。特别注意：设备烘干期间每半小时轮流安排 2 人一组（需佩戴护目镜、防护设备）进场观察现场温湿度及设备烘干情况，根据情况调整烘干机、排风机位置。

10）设备擦拭。工作负责人安排人员使用酒精擦拭设备，同时开展高、低压柜设备及变压器检查，根据检查情况使用空气压缩机、电吹风等装备对设备局部烘干情况较差部位进行针对性清洗、擦拭及再烘干处理。

11）电气试验。分两组人员使用绝缘电阻表等电气试验装置交叉开展变压器、开关柜、电缆等各类试验。

12）办理验收及工作终结。试验合格后进行设备复位并再次检查设备状况及站房环境；工作负责人联系属地供电部运维人员开展验收工作，确认现场设备状态符合送电要求后办理工作终结手续。

13）设备送电。属地供电部运维人员将配电站房上一级电源点转为运行状态，支援队伍配电操作人员根据随队配调人员指令逐项操作。

三、典型案例

1. 基础数据

图 6−10 为 33 节点配电网的拓扑结构，其供电负荷包括医院、政府、居民等用户负荷。其中，医院、政府作为关键负荷分别接入节点 11、19、24、30、32，其余节点为非关键负荷节点，关键负荷与非关键负荷的权重系数分别为 100 和 1。灾害事故造成 8 条线路故障，形成 9 个孤岛区域。根据当地 2 个检修中心和 9 个孤岛区域的地理分布制订应急发电车配置方案和事故抢修计划。配电网的节点负荷数据见表 6−3，检修中心的坐标与各故障点坐标位置分别见表 6−4 和表 6−5。

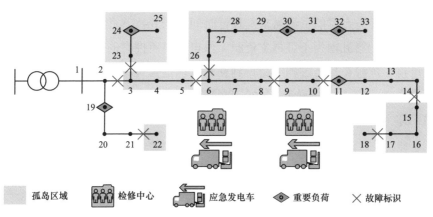

图 6-10　33 节点配电网

表 6-3　　　　　　　　　　　节 点 负 荷 明 细 表　　　　　　　　　　kW

节点序号	节点负荷	节点序号	节点负荷	节点序号	节点负荷	节点序号	节点负荷
2	90	10	150	18	200	26	60
3	90	11	420	19	60	27	60
4	120	12	100	20	60	28	120
5	200	13	90	21	60	29	200
6	45	14	90	22	60	30	210
7	120	15	90	23	60	31	60
8	60	16	60	24	60	32	90
9	60	17	60	25	90	33	420

表 6-4　　　　　　　　　　各检修中心位置坐标

检修中心	位置坐标
1	（10，-4）
2	（22，-4）

表 6-5　　　　　　　　　各 故 障 点 坐 标 位 置

故障支路	故障点坐标	故障支路	故障点坐标
2	（3，0）	17	（23，2）
5	（9，0）	20	（3，-4）
8	（12，-3）	22	（4，1）
10	（14，-4）	25	（10，1）
14	（18，1）		

各抢修任务方案的资源需求及预计时间见表6-6，资源需求中的前四项为可再生资源，第五项为不可再生资源。供电公司所拥有的应急发电车为2辆，而且可再生资源在抢修过程中会得到补充。在抢修过程的前5h内，可再生资源限量为3、1、1、2（见表6-7），之后新增部分资源，使得可再生资源限量翻倍，即为6、2、2、4，且在整个抢修过程中的不可再生资源总限量保持40不变。

表6-6 各抢修任务的预计所需时间和资源需求

任务序号	方案一		方案二		方案三	
	预计恢复时间（h）	资源需求	预计恢复时间（h）	资源需求	预计恢复时间（h）	资源需求
1	2	3, 2, 0, 0, 8	3	2, 1, 0, 0, 6	4.65	1, 1, 0, 0, 0
2	1	3, 0, 2, 0, 8	1.4	2, 0, 1, 0, 8	2.1	1, 0, 1, 0, 5
3	1.8	3, 0, 0, 2, 7	3	2, 0, 0, 1, 5	5	1, 0, 0, 1, 0
4	0.8	3, 0, 0, 2, 4	1.5	2, 0, 0, 1, 2	2.3	1, 0, 0, 1, 1
5	1.5	3, 2, 0, 2, 1	2.5	2, 1, 0, 1, 0	4.5	1, 1, 0, 1, 0
6	1.2	3, 1, 2, 0, 9	2.5	2, 1, 1, 0, 8	4.3	1, 1, 1, 0, 3
7	0.7	3, 0, 0, 2, 1	1.3	2, 0, 0, 1, 1	2	1, 0, 0, 1, 0
8	1.4	3, 1, 0, 2, 5	2.5	2, 1, 0, 1, 3	4.5	1, 1, 0, 1, 0
9	0.7	3, 0, 2, 0, 8	1.2	2, 0, 1, 0, 3	2.1	1, 0, 1, 0, 1

表6-7 可再生资源种类及现有数量

资源种类	抢修队	绝缘斗臂车	吊车	电缆测试设备
数量	3	1	1	2

2. 配电网供电恢复方案

第一阶段为应急发电车配置优化阶段，各孤岛区域的负荷量和相关应急发电车配置见表6-8。

表6-8 孤岛区域负荷与应急发电车配置

孤岛区域	区域节点编号	总负荷量（kW）	应急发电车配置标识
1	22	60	0
2	23、24、25	210	0

孤岛区域	区域节点编号	总负荷量（kW）	应急发电车配置标识
3	3、4、5	410	0
4	6、7、8	225	0
5	9、10	210	0
6	26、27、28、29、30、31、32、33	1220	1
7	11、12、13、14	700	1
8	15、16、17	210	0
9	18	200	0

应急发电车的最大功率 $P_{a,\max}$ 为 500kW，为最大限度保证负荷正常供电，2台应急发电车分别配置在区域 6 和区域 7，应急发电车应优先供给负荷量大的负荷节点，因此应急发电车配置在节点 11 和节点 30。

第二阶段为各检修中心对各故障点依次进行检修，各检修方案均保证在有限的资源内以最快速度恢复电网供电，其对应的检修方案见表 6−9。

表 6−9　　　　　　　检　修　方　案

方案	检修中心 1			检修中心 2		
	方案 1	方案 2	方案 3	方案 1	方案 2	方案 3
任务 1	0	1	0	0	0	0
任务 2	0	1	0	0	0	0
任务 3	0	0	0	1	0	0
任务 4	0	0	0	0	1	0
任务 5	0	0	0	1	0	0
任务 6	0	0	0	1	0	0
任务 7	1	0	0	0	0	0
任务 8	1	0	0	0	0	0
任务 9	0	0	1	0	0	0

如图 6−11 所示，对于检修中心 1，其检修任务的顺序为 2—9—8—1—7，检修时长为 13.45h；对于检修中心 2，其检修任务的顺序为 4—3—5—6，检修时长为 14.80h。

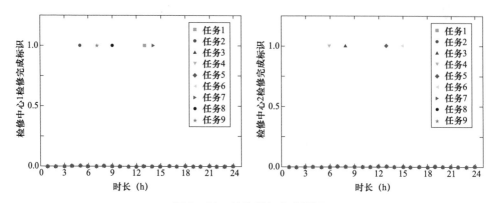

图6-11　检修任务完成标识

　　图6-12为检修中心1、2分别对各故障任务进行检修使用的资源数目。对于检修中心1，其使用的不可再生资源数目较多，在执行部分检修任务时，受限于不可再生资源数目，被迫采用检修方案2实施检修；对于检修中心2，由于5h后可再生资源翻倍，检修人员立刻投入更多的绝缘斗臂车和吊车，并采用检修速度最快的检修方案1实施检修。

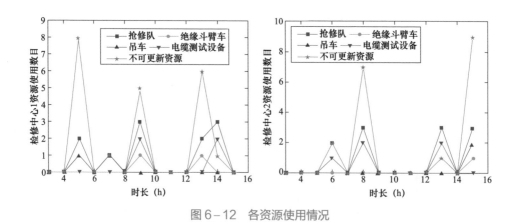

图6-12　各资源使用情况

3. 配电站房抢修方案

　　根据已分类的多种环网故障形式，具体工况内容见表6-10。

表6-10 多 种 工 况 内 容

工况种类	实施工况内容
工况1	环网柜突发故障，两台变压器负荷均小于40%，此时用户已停电
工况2	环网柜突发故障，两台变压器负荷在40%～60%，此时用户已停电
工况3	环网柜突发故障，两台变压器负荷均满载，此时用户已停电
工况4	环网柜例行检修（2号变压器检修），两台变压器负荷小于40%，此时用户正常用电
工况5	两台变压器中任意一台出现突发故障或需更换（以1号变压器故障为例），且两台变压器负荷均大于60%，此时2号变压器用户正常用电，1号变压器用户停电

（1）针对工况1给出如下运行方案：箱变车抵达现场后，通过高压预留接口将电源转入箱变车，同时将1号变压器的高压接入线转接至箱变车10kV输出线位置，通过箱变车内10kV开关代替配电站房环网柜运行，使1号变压器正常运行，然后通过配电站房联络开关430闭合，使1号变压器能够带载Ⅰ、Ⅱ段0.4kV母线运行，恢复用户用电。恢复用电后，检修人员可以在环网柜完全停电的状态下进行检修、更换工作，从而保证检修期间的作业安全而用户不停电。

（2）针对工况2给出如下运行方案：箱变车抵达现场后，通过高压预留接口将电源转入箱变车，并将箱变车0.4kV低压输出线接入2号低压预留接口，然后将1号变压器的高压接入线转接至箱变车10kV输出线位置，通过箱变车内10kV开关代替配电站房环网柜运行，使1号变压器正常运行，然后通过箱变车内变压器代替2号变压器向低压负荷供电，配电站房联络开关430断开，使1号变压器能够带载Ⅰ段0.4kV母线运行，箱变车内变压器带载Ⅱ段0.4kV母线运行，恢复用户用电。恢复用电后，检修人员可以在环网柜完全停电的状态下进行检修、更换工作，从而保证检修期间的作业安全而用户不停电。

（3）针对工况3给出如下运行方案：箱变车、发电车抵达现场后，通过高压预留接口将电源转入箱变车，并将箱变车0.4kV低压输出线接入1号低压预留接口，发电车低压输出电缆接入2号低压预留接口，通过箱变车内的变压器代替1号变压器向低压负荷供电，发电车代替2号变压器向低压负荷供电，配电站房联络开关430断开，从而使箱变车带载Ⅰ段0.4kV母线运行，发电车带载Ⅱ段0.4kV母线运行，恢复用户用电。恢复用电后，检修人员可以在环网柜完全停电的状态下进行检修、更换工作，从而保证检修期间的作业安全而用户不停电。

（4）针对工况4给出如下运行方案：在本次例行检修计划中，2号变压器为需要进行检修的对象。箱变车抵达现场后，将配电站房负荷调整至由1号变

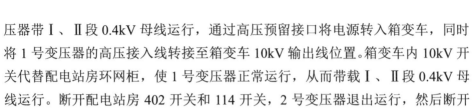

压器带Ⅰ、Ⅱ段 0.4kV 母线运行，通过高压预留接口将电源转入箱变车，同时将 1 号变压器的高压接入线转接至箱变车 10kV 输出线位置。箱变车内 10kV 开关代替配电站房环网柜，使 1 号变压器正常运行，从而带载Ⅰ、Ⅱ段 0.4kV 母线运行。断开配电站房 402 开关和 114 开关，2 号变压器退出运行，然后断开与环网柜连接的相关开关和电缆，检修人员可以在环网柜完全停电的状态下进行检修、更换工作，保证检修期间作业安全的同时用户不发生停电。

（5）针对工况 5 给出如下运行方案：由于两台变压器带载均超过 60%，当 1 号变压器发生故障后，2 号变压器无法同时保证 0.4kV 的Ⅰ、Ⅱ母线正常供电。箱变车抵达现场后，通过高压预留接口将电源转入箱变车，并将箱变车 0.4kV 低压输出线接入 1 号低压预留接口，通过箱变车内变压器代替 1 号变压器向低压负荷供电，配电站房联络开关 430 断开，2 号变压器带载Ⅱ段 0.4kV 母线运行，箱变车内变压器带载Ⅰ段 0.4kV 母线运行，恢复用户用电。断开配电站房 401 开关和 113 开关，使 1 号变压器退出运行，然后断开与环网柜连接的相关开关和电缆，检修人员可以在 1 号变压器完全停电的状态下进行检修、更换工作，从而保证检修期间的作业安全而用户不停电。

第五节　应急指挥管理系统

近些年来，国内学者在电网洪涝和台风预警方法方面开展了一些研究，福建电力公司、华东电网公司、山东电力公司等沿海网省电力公司陆续建设了电网洪涝和台风灾害预警平台。在台风灾害方面，通常是接入台风预测路径和风圈范围，对电网地理信息系统中风圈范围的线路进行安全预警，也有部分研究考虑了线路杆塔的抗风设计参数。然而，洪涝和台风灾害下输配电线路的故障机理非常复杂，预警方法必须综合考虑灾害的风雨时空分布、地理环境特征和配电设备线路设计及工程实际。

下面以"福建电网灾害监测预警与应急指挥管理系统"为例进行介绍。

一、系统架构

系统整体架构如图 6-13 所示。

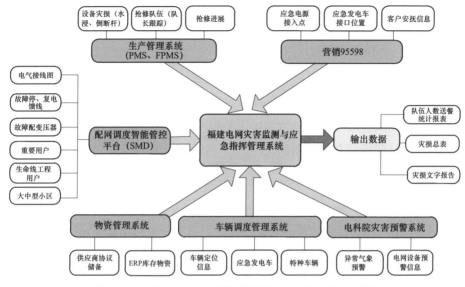

图6-13 福建电网灾害监测预警与应急指挥管理系统

二、系统功能

1. 监测预警

该系统通过接入地方和国家气象站数据、水利厅水文数据等，构建实时气象数据监测和预测模型、台风等气象灾害实时跟踪监控及预警信息系统，结合电网地理信息系统（GIS系统），采用灾害风险评估四要素法，构建配电网设备灾害风险评估模型，实现对极端气象灾害的实时监测和对活动范围内配电网线路设备受灾风险的提前预测，发布实时预警信息，实现灾前预警。

该系统通过采集全省自动气象站、乡镇精细化预报、台风报文等数据源，实现全省风情、雨情和水情的精细化监测、预报。以 3km×3km 网格为单位，展示过去和未来 1～24h 全省的风雨分布图、大风和暴雨预警图；提供全省逐5min 气象监测和逐 1h 气象预测数据查询。结合空间信息服务提供的地理地形数据，建立电网成灾因子库及成灾模型，基于思极地图实现电网设备的属性数据和空间信息双向查询定位高级分析。对整个电网进行成灾因子分析，实时显示各位置的成灾环境状况与健康值，反映所在位置的电力设备状态，判断其所在位置的灾害等级。基于线路地质灾害隐患排查、易受内涝影响变电站和配电

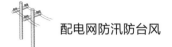

站房统计，研判配电线路、杆塔预警清单。

2. 停复电信息监测

通过应急指挥中心设置的应急启动时间点，及时推送调度云平台、SMD 系统停送电信息至应急指挥系统，保障数据准确性和及时性。系统展示停复电配电网干线、支线、配电变压器数量，影响用户总数、重要用户数、生命线用户数，以及线路和用户复电比率。

3. 灾损和抢修队伍管理

通过手机 App，实现实时传送倒断杆、树线矛盾等现场信息，对灾损勘察后的现场信息在 GIS 地图上动态标注展示。通过对现场设备定位，关联 PMS 设备台账，自动生成受灾点物料需求表，作为物资调配辅助决策使用。

根据基层单位职务级别、岗位类别，通过 App 向个人手机推送具体工作任务，对抢修带队领导、队长、安全员等进行角色划分。队长线下收集各队员的勘察巡视记录，通过手机 App 上报至内网系统。各级运检部在指挥系统 GIS 平台中查看队伍分布、灾损勘察情况等，并通过系统向队长、安全员手机推送工作任务。后勤部通过 GIS 地图获取队伍定位、队伍人数、队长联系电话，提升饮食供给配送精细化水平。

4. 应急物资和车辆管理

物资部灾前导入各地市、县仓库的灾前物资准备情况清册至应急指挥系统，系统重点监测变压器、高压柜、配电杆塔、电缆、绝缘导线等九大类抢修物资数量情况。灾中导入各地市县的物资调配情况清册至应急指挥系统，并以柱状图的形式展示库存、提报需求、已供数量，以抢修物资需求总量为基数，跟踪展示物资受理量、运输在途数量、到货数量以及到货率。

集成国网车辆统一管理系统，实时获取应急发电车辆定位信息，实现在地图上动态跟踪展示。同时抢修班组可通过 App 应用上报车辆关联的任务、完成情况等信息。

5. 客户安抚管理

自动同步营销管理系统客户安抚模块数据。系统集成"重要用户""生命线工程用户"清单以及营销安抚信息，以饼状、柱状图形式综合展示重点关注用户、大中型小区停电客户安抚、九地市灾害安抚短信推送、95598抢修情况，以及表计灾损恢复、客户侧自备电源倒送电安全隐患排查、充电站（桩）灾后修复等内容展示。

6. 舆情管理

外联部应急专责通过应急指挥系统上报舆情专报，展示最新舆情综述、舆情预警信息，并对微信、微博、论坛、省市中央媒体等不同载体上负面舆情数量进行分项统计，将负面舆情划分为停电类、安全隐患类、触电伤亡类、供电服务类四大类进行跟踪。

三、手机应用程序

为方便专业人员使用该系统，提高配电网灾害应急管理效率，某省电网组织开发了该省电网灾害监测预警与应急指挥管理系统的手机应用程序（App），包括监测预警、指挥管理、队伍管理、任务管理、应急装备管理、后勤保障等功能模块。部分功能界面如图6-14所示。

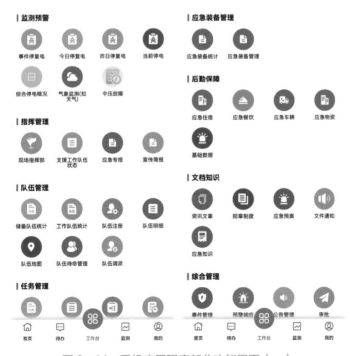

图6-14 手机应用程序部分功能界面（一）

配电网防汛防台风

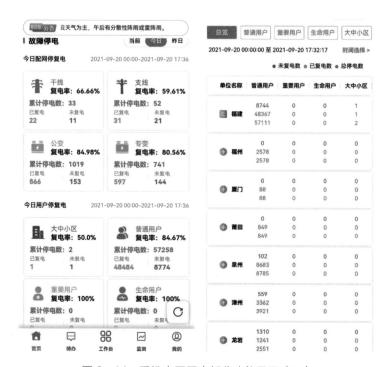

图 6-14 手机应用程序部分功能界面（二）

第七章

物 资 管 理

第一节 总 体 原 则

配置齐备、可靠的防台防汛物资是开展防灾应急响应工作的基础，只有落实防灾应急物资保障工作，才能确保在恶劣天气条件下有效发挥物资效能，保障配电网运行安全。针对当地复杂天气情况，制订相应的年度物资储备管理运行机制，组织防台防汛物资储备工作，建立物资数据库，合理调度储备物资，优化物资配置，做到防台防汛物资的保质保量、可查、可管、可控，才能有效发挥物资效能，保障配电网运行安全。加强应急装备物资的使用培训，确保特殊环境下及时使用防台防汛物资，提高配电网防台防汛能力，为台风洪涝灾害期间配电网安全稳定运行提供可靠保障。

本章主要介绍防台防汛物资的一般配置原则、物资分类以及各类物资的选择和配置建议，对物资选择的重要参数进行说明，以期防汛技术人员快速了解物资相关特性，有助于选择适于当时特殊环境的物资，确保现场物资适用，保障防汛工作正常开展。

第二节 防 汛 物 资 管 理

一、物资管理

防汛物资管理应按照"分级储备、差异配置、满足急需"的原则，充分考虑不同层级、设备规模、人员数量、地理环境、气候特点的差异，以及必要的生活物资和医药储备要求，做好防汛防台物资和装备储备。应急物资应纳入物资管理信息系统，建立防汛防台物资及设备专项台账，加强保管及维护，确保随时处于完好可用状态。建立与当地政府机关的沟通联络机制，紧急情况下可向政府提出物资需求。

1. 防汛物资的购置

防汛物资的采购标准应满足相应的国家标准、行业标准以及《防汛物资验收标准》（SL 297—2004）各项技术要求。

应根据现有防汛物资储备库存情况，综合考虑本年度调用和所在地区突发事件情况，依据储备定额、储备方案，按统一的预算管理规定，编制含年度消耗在内的下一年度防汛物资需求计划。

大型防汛装备一般采取集中统一采购，一般物资由各生产机构从防汛防台专项运维费进行列支采购。

应急救援抢险过程中，当防汛物资不能满足抢险需要时，可以采取其他紧急采购方式。

对于防汛应急抢险消耗的物资，储备物资管理单位在抢险过后应及时按已消耗物资的规格、数量、质量重新购置。

2. 防汛物资的验收

购置的防汛物资到货后，各级物资需求单位应根据装备情况组织成立验收小组，进行抽样检测。

对于大型机械装备一般按照相应的国家标准或行业标准进行质量验收。

对于挡水物资、照明工具、柴油发电机等专用防汛物资应对照《防汛物资验收标准》（SL 297—2004）进行质量验收。

防汛物资经验收合格后，各储备单位应指定专人管理，登记造册，分类储存。

3. 防汛物资的仓储管理

（1）防汛物资仓储管理。企业应建立总部应急储备仓库、分公司区域库、周转库三级实体仓库网络。各级实体仓库名称、地址、面积及库存地点等仓库资源信息实施统一注册管理并统一上报备案。总部一级应急储备仓库承担应急物资的集中储备任务，仓库所属省一级机构、地市一级机构负责仓储配送作业。区域库承担区域内物资集中储备和周转配送任务，各级机构可根据实际情况，跨行政区域设置区域库。区域库所属机构负责日常管理和仓储配送作业。

各级实体仓库的新增、修改或注销，需经总部一级审核通过后，完成仓库注册信息变更。各级仓储管理部门应根据仓库运转、维修、库存物资检验费用等情况，编制仓库运维计划报物资、建设、财务审核。仓库运维费用纳入本单位专项成本费用统一管理。仓库的地标、名称标牌、建筑物LOGO、色彩等外观标识应按照视觉识别手册标准执行。新建、改扩建仓库实施标准化仓库定置建设；旧有仓库应功能区域规范、仓库环境整洁、物流运作有序。

（2）防汛物资仓储管理要求。防汛物资到货验收入库后，应设立防汛物资台账，并指定专人负责管理。

仓储物资应分类摆放，定置管理。对于与其他物资共用仓库的，需划定专门区域进行存储。

要定期对储备物资进行检查、试验、维护、保养，保证应急储备物资长期处于良好可用状态。对易腐物资如麻袋、麻绳等要定期翻晒，保证质量，救生器材要防止胶皮老化。涉及专业保养、试转的设备、工具，应委托专业人员提供人力资源及技术支持。

各级物资部门在每年汛期到来前，组织对各级储备库库存物资进行全面检查，核对储备品种、数量，检查易腐物资质量，对丧失其原有使用功能的物资及过期物资按流程进行报废。

仓库管理人员做好储备物资日常维护、检修记录，做好抢险时验收、领发、使用、退还等手续，做到账物相符，汛后将耗用、存储情况上报领导及单位防汛办。在汛期要随时做好发放、领用的各项准备。

4. 防汛物资的使用

防汛物资均属专项储备，非防汛应急救援需要，任何部门和个人不得挪用。

完善防汛储备物资的流动性管理，实行"先入库先调用"的原则进行使用。

储备物资调拨实行使用快捷、保障急需、重点保障的原则。防汛物资使用单位根据防汛抢险需要，首先使用最近的储备物资，因工程重大险情需要，当储备的防汛物资不足时可向所属单位主管部门提出申请，由主管部门统一调度；非消耗性物资必须退还。

防汛储备物资应设立轮换周期，按周期要求及时更新；轮换出来的应急储备物资按闲置物资相关管理办法要求管理。

二、物资选取

1. 配置原则

防汛物资配置按照"分级储备、差异配置、满足急需"的原则，适应专业化、标准化要求，注重先进性、实用性和经济性有机结合，满足日常工作与应急处置的需求，促进防汛工作效率与质量的提升。

"分级储备"主要考虑不同层级对防汛物资配置需求的差异，在满足需求的基础上避免重复配置。原则上按省、市（县）、业务室三个层级进行考虑，根据不同层级的需求，配置不同种类的防汛物资。

"差异配置"主要考虑各地区在地理环境、气候条件、设备体量、人员配置等多方面存在较大差异，对防汛物资的需求不尽相同，统一标准可能出现防汛物资过剩或不足的问题。具体的配置标准应根据当地气候实际、防汛应急经验等进行选择。

"满足急需"主要考虑满足防汛日常工作特别是应急抢修中的使用需求，各地区各单位应根据实际情况自行选择标准，并根据电网、环境、技术的变化随时更新补充各类防汛物资。

2. 物资类别

防汛物资是指为防范暴雨、洪涝等自然灾害造成配电网停电，满足应急响应、恢复供电需要而储备的物资，包含快抢快建物资、防汛抢险装备、个人防护用品、辅助物资等。实际工作中，根据地域、防汛工作性质等不同，可灵活配置各类满足特殊需求的物资、装备和工器具等。

三、物资配置

（一）快抢快建物资

快抢快建物资，是指满足现场快抢快建要求，具备"工厂化批量预制、施工现场统一配送、施工人员快速拼装"特点的电网抢修物资，诸如轻型电杆、轻型套筒基础、装配式窄基塔基础、预制式电缆沟等物资。

1. 轻型电杆

轻型电杆主要用于对灾害造成的倒断杆进行快速抢建，以复合电杆为例，相同的设计条件下，复合材料电杆重量约为水泥电杆重量的 1/6，便于运输和施工安装（尤其利于灾后快速恢复供电），如图 7-1 所示。

图 7-1 轻型电杆

配置建议：对评分风险等级高的供电区域，结合往年灾害引起的倒断杆情况，可配置一定数量的轻型电杆，在灾后杆塔抢修中，对于交通不便和大型机械无法辅助作业的情况，可优先选用轻型电杆，值得注意的是对杆塔基础也要同步做到位。

2. 轻型套筒基础

轻型套筒基础是满足人力搬运及现场快速组装的复合材料套筒基础，节省常规混凝土养护所需的时间周期，解决传统基础施工"湿作业"存在的施工周期长、施工质量参差不齐、对作业现场环境破坏大等问题，如图7-2所示。

图7-2　轻型套筒基础

配置建议：对评分风险等级高的供电区域，结合往年灾害引起的倒断杆情况，可配置一定数量的轻型套筒基础，在灾后杆塔抢修中可配套电杆使用，由于其重量轻，可满足人力作业，其优先使用在软基地质环境下。

3. 窄基塔装配式基础

窄基塔装配式基础是由钢结构组成的，可实现在无机械辅助的情况下快速组装的窄基塔基础，如图7-3所示。目前市面上也有根开可调的适用性较大的基础，其满足工厂化预制和现场装配，方便施工，减免了混凝土养护时间，有效提升了电网灾损的抢修效率和抗灾能力。

图7-3　窄基塔装配式基础

配置建议：对评分风险等级高的供电区域，结合往年灾害引起的倒断杆情况，可配置一定数量的窄基塔装配式基础。在灾后杆塔抢修中，对于发生灾损的窄基塔和重复性灾损的电杆位优先选用窄基塔装配式基础。

4. 预制式电缆沟

预制式电缆沟是采用分体组合的理念，对电缆沟的各个组件工厂化预制好，通过装配拼装的方式应用于实际工程现场，如图 7-4 所示。相比常规现浇电缆沟，其具有施工进度短、开挖土方量少和施工安装简便等优点。

图 7-4 预制式电缆沟

配置建议：对评分风险等级高的供电区域，结合往年灾害引起的管沟灾损情况，可配置一定数量的预制式电缆沟。在灾后缆沟抢修中，对于工期要求紧的工程可选用该装置。

（二）防汛抢险装备

防汛抢险装备，是指用于防汛抢险工作的大中型应急装备，比如排水装备、挡水装备、应急交通工具、照明工具、通信工具等。

1. 排水装备

（1）移动抢险排水车。移动抢险排水车主要指将发电机组（液压系统）、电气系统、排水系统（水泵机组）、照明系统、吊装设备等优化集成于车辆底盘上，可直接在道路上行驶，抵达排水地点的设备（见图 7-5），具有机动灵活、部署快速、排水量大、功能全面、安全可靠、维护保养简单等优点。

图 7-5 移动排水设备

移动抢险排水车适用于无固定泵配电站房、无电源区域、电缆隧道等领域，主要用于大规模洪灾、大范围积水等情况下，驰援受灾严重地区。

移动抢险排水车按水泵直接驱动方式的不同可分为电机驱动的移动泵车和液压马达驱动的移动泵车。电机驱动的移动泵车包括自吸泵式、潜水泵式和组合式移动泵车；液压马达驱动的移动泵车划分为半挂车、拖车式、集装分离式和自行走式液压驱动移动泵车。由于电机驱动的移动泵车的水泵被固定在车上，会受到吸程的限制，并且固定在车上的水泵受限于汽车功率和吊装容量，因此应用范围受限。而液压马达驱动式的移动泵车，其动力单元与泵组单元之间由液压软管连接，动力主要靠液压油传递，因此泵组可以在距离动力单元 50～100 m 的地方工作，只要发动机的功率容许，则水泵流量可达到 10 000m³/h 以上。

移动抢险排水车所采用的水泵形式主要有转子泵、自吸泵、潜水泵以及非潜水型离心泵等，也有个别选用潜水混流泵（用于高黏度排污）与自吸泵、潜水泵同配的形式。其中，转子泵主要用于半挂式排水车上，自吸泵为了提高自吸能力，配有真空泵，排水量 800m³/h 以上的潜水泵普遍配直臂式随车吊。

对于移动抢险排水车的选型，需要考虑以下三点：

1）流量参数。移动抢险排水车最关键的参数就是流量，流量越大排水越快，但流量选择越大，则整车的质量和体积都增加，一方面应急抢险占用空间大，移动灵活性降低（带支腿），另一方面采购成本也随之上升，需均衡考虑。

2）按水泵类型选择。水泵形式影响整车的工作效率、处理能力和适用场地。潜水泵操作方便，流量范围大，但需要配吊装设备；自吸泵排量大，但吸程低，抗堵塞能力差；转子泵功能强大，但价格昂贵。

3）选择辅助设备与附加值。移动泵车每年使用时间和次数有限，但为了应急需要，空闲时间需定期投入人力和财力进行保养和运行，因此厂家附加了抢险排水车越来越多的辅助功能，如发电照明、提供动力、电焊、切割等，可根据配电站房的实际需求进行选择。

配置建议：移动抢险排水车主要用于驰援出现突发大规模水淹的地区，建议在省、市级配置，驰援范围覆盖所辖地区。

（2）移动式泵车。移动式泵车，又称移动泵车或移动泵站，一般采用车载拖挂，体积较移动抢险排水车小，运行方便、快捷，是防汛抢险及抗旱灌溉的新式设备（见图7-6）。主要适用于无电源区域的配电站房、电缆沟道排水等。

图7-6　移动式泵车

移动式泵车主要分为车载电力驱动型泵车（潜水泵）、车载内燃型泵车（排污泵）和车载电力驱动型泵车（自吸泵）。

1）车载电力驱动型泵车（潜水泵）。潜水泵移动式泵车是在自带起吊装置的汽车底盘上集成柴油发电机组，专门为潜水泵供电，并配以完善的水泵保护措施、电力控制柜等设施，确保潜水泵安全高效运行。该种泵车由于需配备随车起重机，体积较大，但根据发电机组功率大小可配大流量的潜水泵或多个潜水泵等，以发挥最大排涝效率。

2）车载内燃型泵车（排污泵）。车载内燃型泵车由柴油内燃机通过联轴器与排污泵连接组合而成，排污泵可直接由车辆的柴油机驱动而不需另接其他电动机和配电设备。该种移动泵车一般选用较小底盘，在使用时灵活机动。

3）车载电力驱动型泵车（自吸泵）。车载电力驱动型泵车（自吸泵）是在汽车底盘上集成柴油机发电机组、自吸泵和真空辅助抽吸系统，由发电机组为水泵供电，再由真空泵辅助自吸泵抽空引水。该种移动泵车一般固定在车上，到现场只需搬动安装较轻的进出水管，操作相应阀门即可作业。

移动式泵车在选择时应充分考虑使用目的和使用环境等情况。上述所列三种移动式泵车根据自身特点分别适用于不同的作业环境：车载电力驱动型泵（潜水泵）由于作业场所要求较大，标配大流量或多个潜水泵，适用于大型地下室排水；车载内燃型泵（排污泵）由于自身体积和配泵流量较小，一般用于中型地下室或大型地下室的区域性排水；车载电力驱动型泵（自吸泵）固定在车上，到现场只需搬动安装较轻的进出水管便可发挥排涝作用，适用于小型地下室或受制场地条件车辆不易进入的环境。

选购移动式泵车应综合考虑排水、发电、照明等功能，使设备集成化，满足紧急排水抢险需要，具备移动发电输出及照明等功能。另外，对移动泵车的通风、散热、噪声、防水、长时间作业等性能和要求均需考虑，以便使移动式泵车在发挥效益的同时，达到环保要求。

配置建议：移动式泵车体积小、运输方便，建议在市、县级配置，使用时直接使用工程车拖挂，支援积水严重配电站房。

（3）汽（柴）油水泵。由于配电站房汛期可能出现失电问题，故建议在购置水泵时配置具备汽（柴）油机驱动的水泵。此类水泵自带动力，功率高，排水量大，且配置种类多样，驱动方式、功率、流量等均可选，是最常用的排水装备，可广泛用于配电站房各个部位、各种情况下的排水工作（见图7-7）。

图7-7 水泵

配置建议：根据当地防汛经验，配置功率、流量有梯度变化的多台水泵，按实际排水需求选择使用。

（4）潜水泵。便携式潜水泵与普通水泵的不同之处在于其工作在水下，而普通水泵多在地面工作，如图7-8所示。潜水泵是一种把水泵轴和电动机轴直联或同轴装成一个整体，机泵合一潜入水下运行的通用提水机械。

图7-8 潜水泵

潜水泵主要用于集水井、电缆沟、电缆层等较深积水处排水。

潜水泵具有以下几个方面的优点：

1）结构紧凑、占地面积小。潜水排污泵由于潜入液下工作，因此可直接安装于污水池内，无需建造专门的泵房用来安装，可以节省大量的土地及基建费用。

2）安装维修方便。小型的排污泵可以自由安装，大型的排污泵一般都配有自动耦合装置可进行自动启动，安装及维修相当方便。

3）连续运转时间长。排污泵由于泵和电机同轴，轴短，转动部件重量轻，因此轴承上承受的载荷（径向）相对较小，寿命比一般泵要长得多。

4）不存在汽蚀破坏及灌引水等问题。特别是后一点给操作人员带来了很大的便利。

选择潜水泵需要考虑两方面的因素，一是流量和扬程需求，二是考虑排水时的杂物，包括水中长纤维、带状物、沙石等，最好装有撕裂机构或切割装置，能将杂物等撕裂后排出，做到"不缠绕、不堵塞"。

配置建议：潜水泵体积小、易携带、易安装，建议在评分风险等级较高的配电站房现场储备，在出现汛情时对电缆沟、电缆层进行排水，也可配合固定泵加快集水井排水。

2. 挡水物资

（1）防水挡板。防水挡板主要用于地下室出入口、配电站房门，防止积水倒灌。

防水挡板宽度根据建筑物进出门的宽度定制，材料建议采用铝合金，质量轻、强度高、便于安装。防水挡板一般采用叠装式卡槽结构，进一步减轻挡板重量，方便运维人员快速安装。叠装式结构应压叠稳固，挡水板之间采用承头接合，并设有防水胶条。最底层挡水板设置防水胶条，地面设置不锈钢轨道，增强防渗水效果。防水挡板高度，根据配电站房所处地区降雨量、站址标高等，可设置为 0.5～1.5m。

配置建议：对评分风险等级高的配电站房，建议均装设防水挡板，在相关部门发布预警后，及时到现场安装，防止积水倒灌。

（2）防汛沙袋（吸水膨胀袋）。防汛沙袋用于挡水，可单独使用或与防水挡板配合使用。由于传统防汛沙袋存在搬运困难、不利储存、污染环境等缺点，建议使用高分子树脂吸水膨胀袋作为其替代产品。吸水膨胀袋内存高分子树脂，未吸水前单只仅重 0.2 kg，吸水后即可迅速膨胀，根据尺寸不同，重量达 25～40 kg，同时形状可根据需求定制，具有操作简单、携带方便、遇水膨胀速度快、抢护效果好等优点。与防水挡板配合使用，在地面平整时防水效果达 99% 及以上。

配置建议：根据配电站房需封堵面积测算，直接保存在配电站房内。对于室内有防汛沙箱的，可直接存储编织袋或麻袋，在雨季填装使用；对于吸水膨胀袋，真空包装，置于室内，一般可保存 3～5 年。

（3）防雨布。防雨布主要用于覆盖站内不能受潮的设施或设备，使用中必须注意捆扎牢固，防止脱落漂浮影响设备安全。

防雨布可使用多种材料，防汛中应用最广的有以下几种：

1）土工膜。由聚乙烯、聚氯乙烯等制成的基本不透水片材，与土工织物结合形成各种复合土工膜，可用做隔水层或挡水软体排。土工薄膜是用合成纤维材料制成的薄膜，由于该材料具有弹性和变型，适应性好，应用范围广，可用于滑坡体、渠道、挡水墙防渗、建筑物止水等。

2）土工织物。分为有纺土工织物和无纺土工织物两大类，由聚合物的聚丙烯（PP）、聚酯（PET）纤维或扁丝等织成或铺成，为透水材料。无纺织物所用材料以聚氯乙烯为多，其次为聚乙烯，其成品具有较高的强度和较低的延伸率，在防汛抢险中多用于制作编织袋、加筋编织布和土枕、软体排等。无纺织物有反滤、排水功能，可用做反滤层和排水层；有纺织物有反滤、隔离、加筋和包容等功能，可用做坡面护面下的垫层、缝制土袋、长管袋及软体排等。

3）土工网。由聚丙烯、高密度聚乙烯等压制成板后，再经冲孔，然后通过单向或双向拉伸而成的带方孔或长孔的、具有高拉伸强度和较高拉伸模量的加筋片材，可用于填土加筋。此外，还有各种加工制成品，可根据防汛需要加工成各种专用形状制品。

配置建议：防雨布在配电网防汛中使用不多，可根据实际需要在工区或班组配置存放，使用时带至现场。

（4）防渗堵漏材料。防渗堵漏材料种类众多，用于封堵建筑物漏水裂缝、电缆孔洞封堵等用途，包括吸水膨胀胶条、速凝水泥等材料。

吸水膨胀密封橡胶是橡胶密封胶条的一种。胶料中配合有吸水材料，在干燥状态下与一般实心密封胶条并无差别，当与水接触时立即吸收水分，体积迅速膨胀并充塞于缝隙各空间，堵塞、切断水流通道而达到止水密封效果，常用于房屋建筑及地下工程接缝部位止水密封。

速凝水泥的主要特点是凝结硬化快、小时强度高，主要用于紧急抢修工程、截水堵漏等。速凝水泥的凝结时间可以调节，最快可在数分钟内开始硬化，可以满足紧急抢修工程需要。此外，速凝水泥具有微膨胀性能，在凝固后产生微膨胀，从而具有良好的密实性和抗渗性。

一般根据需要的凝结时间，预先调配好速凝剂与水泥的比例，封装后运输储存，使用时加水搅拌后可直接浇筑在模具、孔洞、缝隙等处，作为快速封堵材料。

由于该种材料具有吸湿易凝固的特点，需保存在阴凉干燥处，一般可存放6个月，不建议长期保存。

配置建议：封堵材料一般均有保存期限，建议根据需要在汛前进行储备，定期更新。

3. 清洗和烘干设备

（1）暖风机（烘干设备）。暖风机是指采用离心式风机，其气流射程长、风速高、送风量大、散热量大，因而选用时可按集中送风设计考虑。工业暖风机一般分为220V和380V，功率一般都比较大，最大的可达220kW。比较常见的有电加热工业暖风机、燃油燃气暖风机等，如图7-9所示。温度大小可按0～800℃调节，具备即插即热的优点，但是存在局部取暖的缺点。

图7-9　暖风机

配置建议：根据当地防汛经验，配置不同电源类型和功率有梯度变化的多台暖风设备，按实际烘干需求选择使用。

（2）高压清洗机。高压清洗机是通过动力装置使高压柱塞泵产生高压水来冲洗物体表面的机器。它能将污垢剥离和冲走，达到清洗物体表面的目的。

高压清洗机按照出水类型分为冷水和热水高压清洗机，按照电源类型分为电机驱动和汽油机驱动高压清洗机。通常配电站房冲洗使用汽油机驱动的冷水高压清洗机。冷水高压清洗机是通过动力装置驱动，使高压柱塞或斜盘产生高压水冲洗物体表面。在强大的压力下，水射流的冲刷、契劈及清磨等作用，可立即将垢物打碎脱落，如图7-10所示。一般情况下不需要加入清洁剂就可以很轻松快速地除去污渍。

图 7-10　高压清洗机

　　配置建议：根据当地防汛经验，配置不同电源类型和功率有梯度变化的多台高压清洗机设备，按实际清洗需求选择使用。

　　4. 交通工具

　　防汛物资中的交通工具，仅考虑发生汛情时可安全快速进出汛区的特殊交通工具，包括涉水车辆、冲锋舟、橡皮艇、水陆两栖车（船）、气垫船等。

　　涉水车辆包含范围较广，泛指具备一定越野和涉水能力的各类电力用车，部分越野车辆可通过加装涉水喉提升涉水深度，可根据需要进行配置。

　　橡皮艇主要用于一般性的涉水作业（见图 7-11），一般使用 PVC 材料制成，通过不同数量的气室和不同尺寸的气囊构成大小、承载力不同的型号。对于正规厂家生产的橡皮艇，一般需通过 CCS 证书、消防检测报告、水利部检测等环节，确保使用的安全可靠。

图 7-11　橡皮艇

冲锋舟主要在沿江、近湖的区域配置（见图7-12），具有吃水浅、航速快、易抢滩等特点，可用于洪水中查险、救生和快速转移人员、靠前指挥等，同时也可兼做工作用艇。

图7-12　冲锋舟

橡皮艇和冲锋舟均应配置船桨，根据需要可配置船外机，配合外机支架使用，安全便捷，增强推进动力。船外机应具备防止杂物缠绕而停机的设计，防止失去动力的舟艇顺水漂移。

水陆两栖车（船）主要用于发生内涝的地形较为复杂的地区，安全快速地运送人员物资到达应急现场。

气垫船除用于江河湖泊之外，特别适用于积水较浅但地面松软泥泞的区域，车辆易下陷无法通行，橡皮艇或冲锋舟吃水不足，气垫船可以很好地发挥作用。

配置建议：作为防汛用特殊交通工具，应根据地区实际配置，同时作为特种交通工具，应安排专人培训后使用，保障交通安全。

（三）个人防护用品快抢快建物资

个人防护用品指防汛工作中保障人员安全的用品，包括雨靴、雨衣、救生衣、连衣雨裤等。

1. 雨靴、雨衣

考虑汛期在配电站房内进行工作可能出现漏电风险，建议选择正规厂家生产的防水绝缘靴。

配置建议：雨靴、雨衣均属于个人防护用品中的低值易耗品，建议按人员数量直接配置在基层单位。

2. 救生衣、连衣雨裤

救生衣和连衣雨裤一般在涉水较深的作业区域或出现较深积水导致地面情况不明时使用，保障人员安全。

救生衣一般分海用、空用等形式，空用救生衣为充气式，便于携带，但容易损坏，防汛工作一般推荐使用海用救生衣，内部采用 EVA 发泡素材，经过压缩 3D 立体成型，其厚度为 4cm 左右（国产的是 5～6 片薄发材料，厚约 5～7cm）。按照标准规格生产的救生衣，都有其浮力标准，一般成年为 7.5kg/24h，要求浸入水中 24h 后其浮力仍可达到 7.5kg，这样才能确保胸部以上浮出水面。

救生衣应尽量选择红色、黄色等较鲜艳的颜色，一旦穿戴者不慎落水，可以让救助者更容易发现。在救生背心上应配置一枚救生哨子，便于落水者进行哨声呼救。

配置建议：救生衣和连衣雨裤均属于个人防护用品中的低值易耗品，但由于使用场合较少，根据当地汛情和抢险经验，可按 5～10 人一件配置，同样配置在基层单位。

（四）辅助物资

辅助物资指防汛工作中可能使用到的其他辅助装备及物资，包括照明工具、通信工具，以及发电机、电源盘、铁铲、水桶等辅助配套物资。

1. 照明工具

（1）大型移动照明设备。大型移动照明设备应具备较大的照明范围和较高的亮度，供大型防汛应急现场使用，考虑受灾现场环境恶劣，照明设备应自带电源，并能维持较长工作时间。

自带发电机的照明设备长期搁置易造成损害，均应按周期启动，定期保养。

配置建议：大型移动照明设备建议在省、市（县）级配置，在出现大型抢修工作时支援使用。配置在省、市（县）级，也方便在日常大型抢修工作中调配使用，防止长期搁置。

（2）中小型移动照明设备。中小型移动照明设备的选择和大型照明设备基

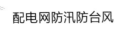

本相同，可采用自带电源或外接电源形式，也可安置在抢修车辆上，由车辆提供电源，运输方便。

配置建议：根据需求配置在业务室、班组层面。

（3）个人照明工具。包括头灯、防水手电、小型应急照明灯具等，供人员巡视现场、进行小规模工作时使用。

配置建议：个人照明工具属于低值易耗品，建议按工作人员数量配置。

2. 通信工具

（1）卫星电话。卫星电话主要用于发生较严重灾害的情况和移动通信中断的情况，通过基于卫星的通信系统来传输信息。

配置建议：根据所辖地区范围按需配置。

（2）防水通信设备。防水通信设备包括防水对讲机等，需要在开展防汛工作设备接触水的情况下可正常使用，主要考虑其防水性能。

配置建议：一般选择防水通信设备的防水等级应在6级以上。

3. 辅助配套物资

辅助配套物资包括防汛工作中可能使用到的其他装备及物资，包括发电机、户外移动式配电箱、防雨篷布、电源盘、滞粘胶带（防水绝缘）、镀锌钢管、尼龙绳、镀锌铁丝、枕木（道木）、铁锤、撬棒、尖镐、手推翻斗车、圆头铁铲、方头铁铲、塑料水桶、木桩等，一般与主要防汛物资配合使用，不再一一赘述。

配置建议：根据实际需要配置。

第三节 防台风物资管理

一、物资管理

防台风物资管理是防台管理的重要内容，应遵循"分级储备、差异配置、满足急需"的原则，做好防台抗台物资和装备储备，制订的防台抗台物资定额应充分考虑不同层级、设备规模、人员数量、地理环境以及气候特点的差异，同时宜配备必要的生活物资和医药储备。日常应建立专门台账对物资及设备进行保管并加强维护，确保随时处于完好可用状态。

1. 防台物资的购置

防台物资的采购标准应满足相应国家标准、行业标准的各项技术要求。

做好防台物资需求计划编制，根据现有防台物资储备库存情况，综合考虑本年度调用和所在地区突发事件情况，依据储备定额、储备方案，按统一的预算管理规定，编制含年度消耗在内的下一年度需求计划。

大型防台装备一般采取集中统一采购，一般物资由各生产机构从生产专项运维费进行列支采购。

应急救援抢险过程中，当防台物资不能满足抢险需要时，可采取其他紧急采购方式。

对于防台应急抢险消耗的物资，储备物资管理单位在抢险过后应及时按已消耗物资的规格、数量、质量重新购置。

2. 防台物资的验收

购置的防台物资到货后，各级物资需求单位应根据装备情况组织成立验收小组，进行抽样检测。

对于大型机械装备一般按照相应的国家标准或行业标准进行质量验收。

防台物资经验收合格后，各储备单位应指定专人管理，登记造册，分类储存。

3. 防台物资的仓储管理

（1）防台物资储备库的设立。防台物资储备仓库应按照区域辐射性强、库容量扩展性强、交通方便、仓储设施齐备的原则科学布局，合理选择，各级单位可参照如下方式设立。

省电力公司根据地理特征、交通状况等实际情况宜在辖区内选择建立3～4个省级公司防台应急物资一级储备库，每个储备库覆盖供应 3～4 个地市供电范围。

各市、县供电公司应在物资仓库内建立防台应急物资储备库，由物资部门统一保管维护，负责本地区（含省检修、市检修）电力设施防台应急物资的统

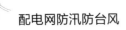

一调配和补充供应。

配电室作为防台分级响应的第二级机构，建立专业性的物资储备库，存放部分大型或不常用防台物资。

运维班组作为配电网防台应急抢险的基本单位，主要配置个人防护用品及处理小规模险情所需的防台物资。

（2）防台物资仓储管理要求。防台物资到货验收入库后，应设立防台物资台账，并指定专人负责管理。

仓储物资应分类摆放，定置管理。对于与其他物资共用仓库的，需划定专门区域进行存储。

要定期对储备物资进行检查、试验、维护、保养，保证应急储备物资长期处于良好可用状态。对易腐物资如麻袋、麻绳等要定期翻晒，保证质量，救生器材要防止胶皮老化。涉及专业保养、试转的设备、工具，应委托专业人员提供人力资源及技术支持。

各级物资部门在每年台风季到来前，组织对各级储备库库存物资进行全面检查，核对储备品种、数量，检查易腐物资质量，对丧失其原应具备的使用功能物资及过期物资按流程进行报废。

仓库管理人员做好储备物资日常维护、检修记录，做好抢险时验收、领发、使用、退还等手续，做到账物相符，抗台后将耗用、存储情况上报领导及单位防台办。在台风季要随时做好发放、领用的各项准备。

4. 防台物资的使用

防台物资均属专项储备，非防台应急救援需要，任何部门和个人不得挪用。

完善防台储备物资的流动性管理，实行先入库先调用的原则进行使用。

储备物资调拨实行使用快捷、保障急需、重点保障的原则。防台物资使用单位根据防台抢险需要，首先使用最近的储备物资，因工程重大险情需要，当储备的防台物资不足时可向所属单位主管部门提出申请，由主管部门统一调度；非消耗性物资必须退还。

防台储备物资应设立轮换周期，按周期要求及时更新；轮换出来的应急储备物资按闲置物资相关管理办法要求管理。

5. 物资管理新技术

基于 RFID 技术可实现物资智能管理调配，应急物资调配通过 RFID 等技术对物资进行自动感知、识别和自动形成库存台账存入应急指挥系统的物资库。在调配过程中，通过 GPS 系统对物资在途状态进行实时监控，及时掌握在途物资的位置、数量和处理状态；结合空间信息服务和最优路径决策模型对应急物资进行调配，并依托 GIS 平台进行图形化指挥调度。

二、物资选取

1. 选取配置原则

防台物资选取配置按照"分级储备、差异配置、满足急需"的原则，适应专业化、标准化要求，注重先进性、实用性和经济性有机结合，满足日常工作与应急处置的需求，促进防台工作效率与质量的提升。

"分级储备"主要考虑不同层级对防台物资选取配置需求的差异，在满足需求的基础上，避免重复配置。原则上按省、市（县）、业务室三个层级进行考虑，根据不同层级的需求，配置不同种类的防台物资。

"差异配置"主要考虑各地区在地理环境、气候条件、设备体量、人员配置等多方面存在较大差异，对防台物资的需求不尽相同，统一标准可能出现防台物资过剩或不足的问题。具体的配置标准，应根据当地气候实际、防台应急经验等进行选择。

"满足急需"主要考虑满足防台日常工作特别是应急抢修中的使用需求，各地区各单位应根据实际情况自行选择标准，并根据电网、环境、技术的变化随时更新补充各类防台物资。

2. 物资类别

防台物资是指为防范台风、飑线风等自然灾害造成电网停电、配电线路停运，满足应急响应、恢复供电需要而储备的物资，包含快抢快建物资、防台抢险装备、个人防护用品、辅助物资等。

其中快抢快建物资，是指满足现场快抢快建要求，具备"工厂化批量预制、施工现场统一配送、施工人员快速拼装"特点的电网抢修物资，诸如轻型电杆、

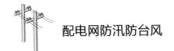

轻型套筒基础、装配式窄基塔基础、预制式电缆沟等物资。

防台抢险装备，是指用于防台加固、清障、抢险工作的大中型应急装备，比如防风拉线、围墩、临时坚固装置、清障装备、应急交通工具、照明工具、通信工具等。

个人防护用品指防台工作中保障人员安全的用品，包括雨靴、雨衣、救生衣、连衣雨裤等。

辅助物资指防台工作中可能使用到的其他装备及物资，包括发电机、电源盘、铁铲、水桶等。

以上分类只考虑了常规防台物资，实际工作中，根据地域、防台工作性质等不同，可灵活配置各类满足特殊需求的物资、装备和工器具等。

三、物资配置

防台物资配置中涉及洪涝影响的情况请参照上一节防汛物资，本节仅针对防台中的防风物资和装备配置进行归纳。

1. 快抢快建物资

台风影响配电网主要表现为较大风荷载作用于架空线路造成线路断线、倒断杆等问题，灾后抢修及快速复电过程中往往需要重新立杆架线，因此除了常规杆塔组立及架线工器具外，建议配置部分新型复合轻型电杆、预制式套筒式基础、装配式窄基塔基础等（详见上一节防汛物资），可从一定程度上提升灾后快抢快建效率和质量。

2. 防台抢险装备

（1）防风加固装备。

1）防风拉线。防风加固装备主要用于台风季或灾害来临前的线路杆塔加固，根据历史灾损统计情况，主要为水泥杆需要进行抗弯强度加强，增设防风拉线是最有效的加固措施之一。防风拉线主要由拉线抱箍、拉紧绝缘子、钢绞线、拉线盘、各类连接金具等组成，主要用于耐张杆、连续水泥杆段的补强等，部分地区因地方原因无法设置永久拉线的，建议通过灾前临时打拉线实现加固，如图 7-13 所示。

图 7-13　防风拉线

配置建议：台风灾害多发区、历史上遭受过台风或大风影响区域范围内的架空线路宜配置防风拉线用于永久或临时补强，建议基层单位线路班组配置若干组。

2）撑杆、围墩。因外部因素影响无法设置拉线的杆塔，可采用撑杆或围墩进行加固，如图 7-14 所示。

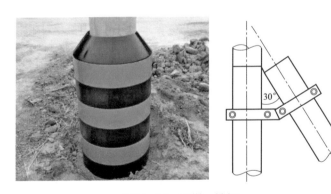

图 7-14　围墩、撑杆

配置建议：台风灾害多发区、历史上遭受过台风或大风影响区域范围内的架空线路宜进行杆体补强，建议基层单位线路班组配置若干撑杆、围墩。

3）临时加固装置。针对无法打拉线、立撑杆等措施进行杆塔防风加固的情况，可适当采取一些新型加固装置进行杆塔临时加固。如图 7-15 所示，这套装置正是参考行道树三角加固木桩的原理，设计制造的新型水泥杆临时加固装置。

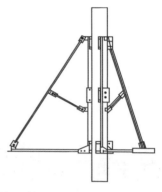

图 7-15 水泥杆临时加固装置

配置建议：台风灾害多发区、历史上遭受过台风或大风影响区域范围内的架空线路，在无法通过拉线或者撑杆等措施补强时，可适当配置临时加固装置用于灾前临时补强，基层单位线路班组建议配置若干套。

（2）清障装备。

1）手动工具。柴刀、锯子、斧头、剪刀等为常见清障手动工具，主要可用于架空线路走廊周围可能影响线路运行的树木、毛竹等的清砍或分枝修剪等，在台风季或灾害来临前的特巡中常常会使用到，如图 7-16 所示。

(a)

(b)

(c)

(d)

图 7-16 手动清障工具
（a）柴刀；（b）锯子；（c）斧头；（b）剪刀

配置建议：毛竹、树木茂密区线路班组或经常需要使用，建议在基层单位相应线路班组配置，每个班组宜至少配置 2 套。

2）电锯。针对数量较多的树木砍伐需求和较大树种，为提高清砍效率，可采用电锯等电动工具，在使用中应严格遵守使用说明和相关安全规范，如图 7－17 所示。

图 7－17 电锯工具

配置建议：建议在基层单位相应线路班组配置，每个班组宜至少配置 1 套。

3）激光除障装置。目前市面上的除障产品已发展到电力激光除障装置，除了能实现传统的清砍树木等功能，还能用于线路上悬挂有机材料的清理，如风筝线、编织袋、漂浮物等，对于台风灾害灾前和灾后的线路清障、异物清除具有较好效果，如图 7－18 所示。

图 7－18 激光除障装置

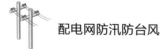

配置建议：建议在基层单位相应线路班组配置，每个班组根据实际需要配置。

（3）抢险物资。应急交通工具、照明工具、通信工具等抢修物资参考上一节防汛物资配置。

3. 个人防护用品

参考上一节防汛物资配置。

4. 辅助物资

参考上一节防汛物资配置。

第八章

能 力 评 价

对配电网的防汛防台能力进行客观评价，挖掘配电网在应对台风和洪涝灾害时存在的薄弱环节，指导配电网的防汛防台差异化设计和改造，对提高配电网的防汛防台能力具有重要意义。本章主要阐述配电网防汛防台能力评价指标选取与指标体系构建方法，基于各类评价方法建立配电网防汛防台能力评价模型，并开展配电网防汛防台能力评价的实例分析。

第一节　能力评价体系与指标

评价指标体系构建和指标选取是配电网防汛防台能力评价的重要前提。基于配电网防汛防台应急体系的时序图，从灾前防御与应急准备能力、灾中监测与应急响应能力、灾后抢修与应急处置能力三个方面构建配电网防涝防灾能力评价体系；并遵循客观性与科学性、系统性与层次性、全面性与代表性、可比性与规范性、可行性与导向性原则，选取配电网防汛防台能力评价指标。

一、能力评价体系

配电网防汛防台能力实际上就是电力部门在应对台风和洪涝灾害发生时，控制灾害造成配电网设备损坏和用电负荷损失的能力。从时间维度出发，配电网防汛防台能力可以理解为电力部门为实现减轻配电网台风和洪涝灾害，在灾害不同阶段采取的综合处置能力。鉴于此，将配电网防汛防台能力划分为灾前防御与应急准备、灾中监测与应急响应、灾后抢修与应急处置三个子能力。其中，灾前防御与应急准备能力是基本前提，配电网的设防标准越高，灾前巡视和消缺越充分，应急物资准备越充足，灾前预警越及时准确，则能够在台风和洪涝灾害发生时最大限度地降低设备损坏和负荷损失。灾中监测与应急处置响应能力是重要基础，较高的灾损监测能力、灾情分析能力和灾害预测精度，能够更为准确地刻画配电网台风和洪涝灾害的过程特征以及预示灾害的未来状态，以便及时做出应急响应。灾后抢修与应急处置能力是后续保障。快速的灾情分析与研判、抢修队伍和物资调配和供电恢复，是最大限度减少台风和洪涝灾害带来停电损失的最后一道保障。从理论上讲，配电网防汛防台能力可以看成是上述三个子能力的综合。因此，配电网防汛防台能力评价的思路是：依据指标体系构建的基本原则，选取能够较好地体现这三个子能力的评价指标，构建合适的评价模型进行计算，实现对配电网防汛防台能力的科学评价。通过该评价体系，能够更为准确及时地发现配电网防汛防台工作中存在的问题和不足，用以指导和完善配电网防汛防台工作体系。总体框架如图 8-1 所示。

灾前防御	灾中监测	灾后抢修	灾害发生时序
应急准备	应急响应	应急处置	灾害应急阶段
防涝防台差异化设计	气象监测	灾损调查	主要评价内容
防涝防台改造	停复电信息统计	抢修队伍到达现场	
防涝防台巡视、排查和消缺	先期处置	抢修物资到达现场	
预警发布		复电时间	
应急物资准备	应急物资调配	应急通信	
应急队伍集结	应急队伍调配	舆情监测	
……	……	……	

图 8-1　配电网防汛防台能力评价体系

二、能力评价指标

1. 能力评价指标选取原则

评价指标选取的科学合理不仅直接关系到评价结果的准确性和正确性，更加影响着配电网洪涝和台风灾害防灾减灾建设工作的方向性和科学性。因此，在选取配电网防汛防台能力评价指标时，应遵循以下五项基本原则：① 客观性与科学性原则；② 系统性与层次性原则；③ 全面性与代表性原则；④ 可比性与规范性原则；⑤ 可行性与导向性原则。

2. 能力评价指标集

基于图 8-1 所示的配电网防汛防台风能力评价体系和上述指标选取原则，建立配电网防汛防台风能力评价指标集，见表 8-1。

表 8-1　　　　　　　配电网防汛防台风能力评价指标集

序号	目标	子能力	指标	单位
1	配电网防汛防台风能力（A）	灾前防御与应急准备子能力（B1）	配电线路缆化率（C1）	%
2			架空线路防台风差异化设计执行率（C2）	%
3			架空线路防涝（地质灾害、洪水冲刷）差异化设计执行率（C3）	%
4			配电站房防涝差异化设计执行率（C4）	%
5			架空线路防台风差异化改造完成率（C5）	%
6			架空线路防涝（地质灾害、洪水冲刷）差异化改造完成率（C6）	%
7			配电站房防涝差异化改造完成率（C7）	%
8			线路特巡、清障和杆塔加固完成率（C8）	%
9			配电站房隐患排查及消缺完成率（C9）	%
10			信息系统可用率（C10）	%
11			应急物资储备率（C11）	%
12			抢修队伍集结到位率（C12）	%
13			易涝站房有人值守恢复率（C13）	%
14			预警信息发布及时率（C14）	%
15			预警信息发布覆盖率（C15）	%
16			预警信息准确率（C16）	%

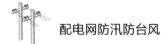

序号	目标	子能力	指标	单位
17	配电网防汛防台风能力（A）	灾中监测与应急响应子能力（B2）	气象监测数据统计延时（C17）	min
18			气象监测数据统计完整率（C18）	%
19			气象监测数据分辨率（C19）	km
20			气象预报信息分辨率（C20）	km
21			停复电信息统计延时（C21）	min
22			停复电信息统计完整率（C22）	%
23			信息系统可用率（C23）	%
24			重要用户和生命线用户停电比例（C24）	%
25			故障隔离率（C25）	%
26			应急物资调配数（C26）	批
27		灾后抢修与应急处置自能力（B3）	抢修队伍调配数（C27）	支
28			灾损排查时长（C28）	h
29			应急物资到达时长（C29）	h
30			抢修队伍到达时长（C30）	h
31			每万户平均复电时长（C31）	h
32			最大复电时长（C32）	h
33			重要用户和生命线用户复电时长（C33）	h
34			停电客户安抚率（C34）	%
35			应急通信通畅率（C35）	%
36			交通通畅率（C36）	%
37			抢修违章率（C37）	%
38			灾后用电信息推送及时率（C38）	%

第二节 能力评价方法

根据评价内容，可将评价方法分为主观法和客观法。主观法主要根据经验和重要程度来给定权重系数，再进行综合计算，包括综合评分法、层次分析法、功效系数法、模糊评级法、指数加权法等。客观法根据指标自身的影响确定权重系数，然后进行综合评价计算，包括：熵值法、主成分分析法、变异系数法、聚类分析、判别分析和多元分析等。

一、基于指数标度 AHP 的评估

1. 层次分析法

AHP（Analytic Hierarchy Process）层次分析法是美国运筹学家 Saaty 教授于 20 世纪 80 年代提出的一种对定性问题进行定量分析的简便、灵活、实用的多准则决策方法。AHP 可以同时处理定性和定量的问题，并将评分标准统一，使其更具说服性。在层次分析法的计算过程中，以分解–综合的评分方法将一个复杂的多因素问题按层次分为多个问题的结合，使复杂问题简单化，定性问题定量化。

在实际应用中，首先将要分析的问题分为多个层次，根据问题的性质和要达到的总目标，将问题分解成不同的组成因素，按照因素间的相互关系及隶属关系，将因素按不同层次聚集组合，形成一个多层分析结构模型，最终归结为最低层（方案、措施、指标等）相对于最高层（总目标）相对重要程度的权值或相对优劣次序的问题（见图 8-2）。

在层次分析法的标度中，因为 1～9 标度讲解方便并且整齐，所以其对应分级所以最为常见，但是在描述客观事物的准确性的对比中，1～9 标度法具有较大的劣势。对不同的标度进行比较分析的结果见表 8-2 和表 8-3。从表中可以看出，1～9 标度使用时只在感性认识中特性较好，而分数标度的均匀性不好，整体来说，指数标度比较符合客观性的要求。

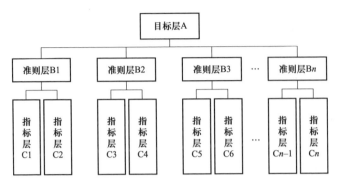

图 8-2　层次结构模型

表 8-2　　　　　　　　　　　层次分析法中几种标度比较（1）

标度特性		1～9 标度	9/9～9/1 标度	10/10～18/2 标度	$9^{0/9}～9^{8/9}$ 标度
保序性	单一准则 多准则	保序 不一定	保序 不一定	保序 不一定	保序 不一定
一致性		差	较好	较好	好
均匀性		最好	最差	较差	较好
易记性		好	差	差	差
易感知性		好	差	差	差
权重拟合平滑度		差	较好	较好	好

表 8-3　　　　　　　　　　　层次分析法中几种标度比较（2）

标度特性		$2^{0/2}～2^{8/2}$ 标度	$e^{0/2}～e^{8/4}$ 标度	$e^{0/5}～e^{8/5}$ 标度
保序性	单一准则 多准则	保序 不一定	保序 不一定	保序 不一定
一致性		好	好	好
均匀性		较差	较好	较好
易记性		差	差	差
易感知性		差	差	差
权重拟合平滑度		好	好	好

2. 基于指数标度法的 AHP

指数标度是依据心理学上的韦伯-费希纳定律，即 $S = k \cdot \log R$ 或 $R = 10^{S/k}$（S 为人的主观感受量，R 为客观刺激量，k 为韦伯常数），建立"等距分级、等

比赋值"的一种新的权重标度，通式为

$$u = a^n \tag{8-1}$$

式中：n 为重要性程度划分等级；a 为待定参数。

对于参数 n 与 a 的确定，从心理学上考虑，人们对两个事物差别程度的辨别区分通常至多 9 级，超过 9 级时判断极易产生混乱与模糊不清。考虑到比较中两个因素的重要性程度应当在同一数量级上才容易比较，所以一般情况下重要性程度等级分为 9 级为宜，即 $n = 8$，则改进后指数标度公式变为

$$u = a^n = 1.316^n \tag{8-2}$$

式中：参数 a 值可通过公式 $a^8 = 9(n=8), a = \sqrt[8]{9}$ 确定 $a = 1.316$，从而确定 1～9 级中所有的权重标度，见表 8－4。

表 8－4　　　　　　　　　　指 数 标 度

指数标度	c_{ij} 定义
0	i 因素与 j 因素同等重要
2	i 因素与 j 因素稍微重要
4	i 因素与 j 因素明显重要
6	i 因素与 j 因素重要得多
8	i 因素与 j 因素绝对重要
−8，−6，−4，−2	j 比 i 因素的重要性同上时

3. 基于指数标度法的 AHP 基本步骤

采用基于指数标度的层次分析法计算指标权重的步骤如下：

（1）确定指标的感觉标度。根据指数标度法，把决策者关于因素 c_i 比 c_j 重要程度的主观感觉判断等距地分为若干等级，如"同样重要""稍重要""明显重要""很重要""极端重要"等。分别以 $c_{ij} = 0,1,2(i,j=1,2,\cdots,n)$ 表示，得到主观感觉矩阵：

$$C = \begin{bmatrix} c_{11} & c_{12} & \cdots & c_{1n} \\ c_{21} & c_{22} & \cdots & c_{2n} \\ \vdots & \vdots & \ddots & \vdots \\ c_{n1} & c_{n2} & \cdots & c_{nn} \end{bmatrix} \tag{8-3}$$

（2）构造判断矩阵。根据感觉矩阵得到判断矩阵为

$$A = \begin{bmatrix} a^{c_{11}} & a^{c_{21}} & \cdots & a^{c_{1n}} \\ a^{c_{21}} & a^{c_{22}} & \cdots & a^{c_{2n}} \\ \vdots & \vdots & \ddots & \vdots \\ a^{c_{n1}} & a^{c_{n2}} & \cdots & a^{c_{nn}} \end{bmatrix} \tag{8-4}$$

值得注意的是，在本文中重要性程度取到 9 级，则假设两因素相比绝对重要时的重要性程度之比为 9，因有 $a^8 = 9(n=8)$，$a = \sqrt[8]{9}$，即 $a = 1.316$。

（3）层次单排序和一致性检验。根据建立好的判断矩阵计算最大特征值，然后求出该最大特征值所对应的特征向量 $w_k = \{w_1, w_2, \cdots, w_n\}$ 即为所求得的权重向量。对权重向量进行归一化处理，求得各评价指标相对于上一级层次的相对权重。最后，进行一致性检验，防止出现类似于"A 比 B 重要，B 比 C 重要而 C 比 A 重要"的逻辑性错误判断。

（4）层次总排序。根据各个指标的权重进行求权综合计算，得出配电网防台防汛综合指标并排序。综合指标的计算公式为

$$\mu = \sum_{i=1}^{n} \sigma_i \cdot \omega_i \tag{8-5}$$

式中：μ 为配电网防台防汛综合指标；n 为各类指标个数；σ_i 为各类指标权重；ω_i 为各类指标数值。

二、基于熵值法的防台防汛能力量化评价

在信息论中，熵代表了系统中信息的无序程度，无序程度越大，熵越小。即指标值的变异程度越大，其能提供的可用信息量就越大，熵就越小，那么该指标被赋予的权重也应越大。熵值法是利用各指标数据自身的特征来计算各个变量在配电网防台防汛能力中所占的权重，因此不具有主观评判赋值的特点，可以较为客观地对各个指标变量进行赋权。其具体计算步骤如下：

将 N 个待评价单元，M 项评价指标的数据构建 $N \times M$ 的矩阵，其中元素 x_{ij} 为第 i 个评价对象在第 j 个指标上的数值。指标 X_j 的各项指标数值 x_{ij} 的差异越大，则该指标在评价中所起的作用就越大；指标 X_j 的各个指标值差异越小甚

至相等，则在风险评价中所起的作用越小甚至不起作用。

（1）将各指标同量纲化，计算第 j 项指标下第 i 个地区指标值的比重 p_{ij}

$$p_{ij} = \frac{x_{ij}}{\sum\limits_{i=1}^{m} x_{ij}} = \frac{1}{m} \qquad (8-6)$$

（2）计算第 j 项指标的熵值 e_j

$$e_j = -k \sum p_{ij} \ln p_{ij} \qquad (8-7)$$

式中：$k>0$，$\ln$ 为自然对数，$e_j>0$，如果 x_{ij} 对于给定的 j 全部相等，那么此时 e_j 取极大值，即 $e_j = -k \sum \frac{1}{m} \ln \frac{1}{m} = k \ln m$，设 $k = \frac{1}{\ln m}$，于是有 $0 \leqslant e_j \leqslant 1$。

（3）计算第 j 项指标的信息效用值 g_j

$$g_j = 1 - e_j \qquad (8-8)$$

对于给定的 j，x_{ij} 的差异性越小，则 e_j 越大；当 x_{ij} 全部相等时，$e_j = e_{\max} = 1$，此时对于地区的比较，指标 X_j 毫无作用；当各方案的指标值相差越大时，e_j 越小，该项指标对于地区的比较作用越大。

（4）定义权数

$$a_j = \frac{g_j}{\sum\limits_{j=1}^{n} g_h} \qquad (8-9)$$

（5）计算各区域评价值 v_i

$$v_i = 1 - \sum a_j p_{ij} \qquad (8-10)$$

式中：v_i 为第 i 个地区的综合评价值。

三、基于灰色关联度法的防台防汛能力量化评价

灰色关联度风险评价的基本原理是通过比较分析不同单元数据之间的几何关系或者其组成的曲线形状的相似度来度量。数据序列越接近，曲线越相似，则相应单元之间的关联度就越大。配电网防台防汛能力系统具有内部关系的模

糊不确定性和弱相关性，符合该方法应用条件。故可通过比较各个地区的每项评价指标与防台防汛能力较强地区的关联程度，来评估各个地区的综合能力大小，其计算过程如下：

（1）确定评价矩阵。该方法是把各个地区看做一个样本 i，每个样本序列中包含 j 项评价指标，确定参考序列（评价标准）和比较序列（被评价对象），形成评价矩阵

$$X^{(0)} = \begin{bmatrix} x_{11}^{(0)} & x_{12}^{(0)} & \cdots & x_{1m}^{(0)} \\ x_{21}^{(0)} & x_{22}^{(0)} & \cdots & x_{2m}^{(0)} \\ \vdots & \vdots & \ddots & \vdots \\ x_{n1}^{(0)} & x_{n2}^{(0)} & \cdots & x_{nm}^{(0)} \end{bmatrix} \quad (8-11)$$

（2）对数据进行无量纲化处理，此处采用极差进行标准化。

（3）确定各指标的权重。考虑到各指标的重要程度不一样，所以在计算关联度时采取权重乘以关联系数的方法，这里指标的权重采用熵值法确定的指标权重 $W_k = \{w_1, w_2, \cdots, w_n\}$，其中 W_k 为第 k 个指标的权重。

（4）计算关联度。根据灰色关联度分析的基本原理，计算 n 组比较序列 m 个指标的关联度系数。

$$\xi_i(k) = \frac{\min\limits_i \min\limits_k |x_0(k) - x_i(k)| + \rho \max\limits_i \max\limits_k |x_0(k) - x_i(k)|}{|x_0(k) - x_i(k)| + \rho \max\limits_i \max\limits_k |x_0(k) - x_i(k)|} \quad (8-12)$$

式中：$i = 1, 2, \cdots, m$；$k = 1, 2, \cdots, n$；ρ 为分辨系数，在 ［0，1］ 内取值，一般情况下在 0.1～0.5 取值。ρ 值越小越能提高关联系数间的差异，此处取 0.5；$\xi_i(k)$ 为第 i 个样本与参考值 X_0 第 k 个指标的关联系数；$x_0(k)$ 和 $x_i(k)$ 分别为参考值 X_0 和第 i 个样本 X_i 的第 k 个指标；$|x_0(k) - x_i(k)|$ 为 $x_0(k)$ 与 $x_i(k)$ 差值的绝对值。

（5）依关联度进行能力评价并排序。综合考虑指标的权重，各样本的综合关联度为指标关联系数与权重的乘积值（即为评价得分）

$$r_j = \sum_{k=1}^m \xi_i(k) w(k), i = 1, 2, \cdots, m; \ k = 1, 2, \cdots, n \quad (8-13)$$

第三节　能力评价实例分析

一、评价指标数值

依照表8-1中配电网防汛防台能力评价指标集，收集三组与灾前防御与应急准备、灾中监测与应急响应、灾后抢修与应急处置三个子能力相关的 38 个指标数据，具体数据见表8-5～表8-7。

表8-5　　　　　　　灾前防御与应急准备（B₁）指标数值

指标序号	单位	A	B	C	指标序号	单位	A	B	C
C1	%	60	75	90	C9	%	70	80	90
C2	%	15	30	45	C10	%	90	95	100
C3	%	15	30	45	C11	%	75	85	95
C4	%	45	60	75	C12	%	80	90	100
C5	%	50	60	70	C13	%	85	90	95
C6	%	40	50	60	C14	%	100	100	100
C7	%	50	60	70	C15	%	100	100	100
C8	%	60	70	80	C16	%	70	70	70

表8-6　　　　　　　灾中监测与应急响应（B₂）指标数值

指标序号	单位	A	B	C	指标序号	单位	A	B	C
C17	min	110	105	100	C23	%	85	90	95
C18	%	85	90	95	C24	%	20	15	10
C19	km	3	1	0.5	C25	%	60	70	85
C20	km	3	1	0.5	C26	批	5	10	15
C21	min	80	70	60	C27	支	5	10	15
C22	%	80	85	90					

表8-7　　　　　　　灾后抢修与应急处置（B₃）指标数值

指标序号	单位	A	B	C	指标序号	单位	A	B	C
C28	h	4	3.5	3	C34	%	93	95	98
C29	h	6	5	5	C35	%	75	84	88
C30	h	6	5	4	C36	%	60	70	80
C31	h	6	4	2	C37	%	20	15	10
C32	h	36	24	12	C38	%	65	80	95
C33	h	2	1.5	1					

二、基于层次分析法的配电网防汛防台能力评价

从灾前防御与应急准备、灾中监测与应急响应、灾后抢修与应急处置三个子系统构建了基于层次分析法的配电网防汛防台能力评价体系，通过建立各层次指标之间的相对重要性关系为各个指标进行权重赋值。在判断矩阵的赋值过程中，其数值的合理性关乎后续评价的科学性和合理性，因此采用应用较为广泛的专家评分法，通过咨询相关领域的专家，给出各个指标的具体值，不同的专家对于各项指标的评分存在较大差异，其中有一定的主观因素，为了解决各专家数据存在的较大波动性，对获得的多个矩阵进行优化评估，为避免主观因素的影响可以采用指数标度的算法作为最后的矩阵。

1. 灾前防御与应急准备子能力下的指标集权重

针对灾前防御与应急准备子能力下的 16 个指标建立判断矩阵以反映不同指标之间的相对重要程度。采用专家咨询打分的方法对各指标之间的相对重要性进行评价，构建灾前防御与应急准备子能力二级指标的判断矩阵，具体见表 8-8、表 8-9。

表 8-8 感 觉 矩 阵

指标	1	2	3	4	5	6	7	8	9	10	11	12	13	14	15	16
1	0	4	4	2	1	2	1	0	-1	-3	-1	-2	-2	-4	-4	-1
2	4	0	0	-3	-4	-3	-4	-5	-6	-7	-6	-5	-5	-8	-8	-4
3	4	0	0	-3	-4	-3	-4	-5	-6	-7	-6	-5	-5	-8	-8	-4
4	2	-3	-3	0	0	-1	-1	-2	-2	-3	-2	-2	-3	-4	-4	-3
5	1	-4	-4	0	0	-1	-1	-2	-3	-2	-2	-2	-2	-4	-2	-1
6	2	-3	-3	-1	-1	0	-1	-2	-2	-3	-2	-2	-3	-4	-4	-3
7	1	-4	-4	-1	-1	-1	0	-1	-1	-2	-1	-1	-3	-2	-2	-2
8	0	-5	-5	-2	-2	-2	-1	0	0	-1	-1	-1	-2	-2	-2	-2
9	-1	-6	-6	-2	-3	-2	-1	0	0	-1	-1	-1	-2	-2	-2	-2
10	-3	-7	-7	-3	-2	-2	-1	-1	0	2	1	1	-1	-1	2
11	-1	-6	-6	-2	-2	-1	-1	2	0	-1	-1	-2	-2	-2
12	-2	-5	-5	-2	-2	-2	-1	-1	1	-1	0	0	-1	-1	0
13	-2	-5	-5	-3	-2	-3	-3	1	-1	0	0	-1	-1	0
14	-4	-8	-8	-4	-2	-4	-2	-2	-2	-1	-2	-1	-1	0	1	2
15	-4	-8	-8	-4	-2	-4	-2	-2	-2	-1	-2	-1	-1	1	0	2
16	-1	-4	-4	-3	-1	-3	-2	-2	-2	2	-2	0	0	2	2	0

表8-9　　　　　　　　　　判　断　矩　阵

指标	1	2	3	4	5	6	7	8	9	10	11	12	13	14	15	16
1	1	3	3	1.73	1.32	1.73	1.32	1	0.76	0.44	0.76	0.58	0.58	0.33	0.33	0.76
2	3	1	1	0.44	0.33	0.44	0.33	0.25	0.19	0.15	0.19	0.25	0.25	0.11	0.11	0.33
3	3	1	1	0.44	0.33	0.44	0.33	0.25	0.19	0.15	0.19	0.25	0.25	0.11	0.11	0.33
4	1.73	0.44	0.44	1	1	0.76	0.76	0.58	0.58	0.44	0.58	0.58	0.44	0.33	0.33	0.44
5	1.32	0.33	0.33	1	1	0.76	0.76	0.58	0.44	0.58	0.58	0.58	0.44	0.58	0.58	0.76
6	1.73	0.44	0.44	0.76	0.76	1	0.76	0.58	0.58	0.44	0.58	0.58	0.44	0.33	0.33	0.44
7	1.32	0.33	0.33	0.76	0.76	0.76	1	0.76	0.76	0.58	0.76	0.76	0.44	0.58	0.58	0.58
8	1	0.25	0.25	0.58	0.58	0.58	0.76	1	1	0.76	0.76	0.76	0.76	0.58	0.58	0.58
9	0.76	0.19	0.19	0.58	0.44	0.58	0.76	1	1	0.76	0.76	0.76	0.76	0.58	0.58	0.58
10	0.44	0.15	0.15	0.44	0.58	0.44	0.58	0.76	0.76	1	1.73	1.32	1.32	0.76	0.76	1.73
11	0.76	0.19	0.19	0.58	0.58	0.58	0.76	0.76	0.76	1.73	1	0.76	0.76	0.58	0.58	0.58
12	0.58	0.25	0.25	0.58	0.58	0.58	0.76	0.76	0.76	1.32	0.76	1	1	0.76	0.76	1
13	0.58	0.25	0.25	0.44	0.44	0.44	0.44	0.76	0.76	1.32	0.76	1	1	0.76	0.76	1
14	0.33	0.11	0.11	0.33	0.58	0.33	0.58	0.58	0.58	0.76	0.58	0.76	0.7	1	1.32	1.73
15	0.33	0.11	0.11	0.33	0.58	0.33	0.58	0.58	0.58	0.76	0.58	0.76	0.76	1.32	1	1.73
16	0.76	0.33	0.33	0.44	0.76	0.44	0.58	0.58	0.58	1.73	0.58	1	1	1.73	1.73	1

根据判断矩阵计算灾前防御与应急准备子能力下的二级指标权重向量，得到最大特征值所对应的特征向量（列向量）为

$$w_1 = [0.096\,1, 0.051\,7, 0.051\,7, 0.059\,4, 0.059\,6, 0.058\,1, 0.061\,7, 0.059\,5,$$
$$0.056\,3, 0.070\,9, 0.061\,8, 0.064\,1, 0.060\,3, 0.057\,2, 0.057\,2, 0.074\,2]^T$$

由此可知，与灾前防御与应急准备子能力相关的二级指标（C1～C16）所占权重分别为 0.096 1，005 17，0.051 7，0.059 4，0.059 6，0.058 1，0.061 7，0.059 5，0.056 3，0.070 9，0.061 8，0.064 1，0.060 3，0.057 2，0.057 2，0.074 2。

2. 灾中监测与应急响应子能力下的指标集权重

灾中监测与应急响应子能力共有11个二级指标（C17～C27），按照上述步骤建立判断矩阵并计算各指标所对应的权值，结果见表8-10、表8-11。

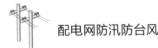

表 8-10 感 觉 矩 阵

指标	17	18	19	20	21	22	23	24	25	26	27
17	0	1	6	6	3	3	4	3	4	7	7
18	1	0	5	5	1	1	0	4	1	6	6
19	6	5	0	0	−8	−8	−8	−5	−7	−1	−1
20	6	5	0	0	−8	−8	−8	−5	−7	−1	−1
21	3	1	−8	−8	0	0	0	0	1	2	8
22	3	1	−8	−8	0	0	0	0	2	2	8
23	4	0	−8	−8	0	0	0	0	2	2	8
24	3	4	−5	−5	0	0	0	0	−3	4	4
25	4	1	−7	−7	1	2	2	−3	0	7	7
26	7	6	−1	−1	2	2	2	4	7	0	0
27	7	6	−1	−1	8	8	8	4	7	0	0

表 8-11 判 断 矩 阵

指标	17	18	19	20	21	22	23	24	25	26	27
17	1	1.32	5.19	5.19	2.28	2.28	3	2.28	3	6.84	6.84
18	1.32	1	3.95	3.95	1.32	1.32	1	3	1.32	5.19	5.19
19	5.19	3.95	1	1	0.11	0.11	0.11	0.25	0.15	0.76	0.76
20	5.19	3.95	1	1	0.11	0.11	0.11	0.25	0.15	0.76	0.76
21	2.28	1.32	0.11	0.11	1	1	1	1	1.32	1.73	9
22	2.28	1.32	0.11	0.11	1	1	1	1	1.73	1.73	9
23	3	1	0.11	0.11	1	1	1	1	1.73	1.73	9
24	2.28	3	0.25	0.25	1	1	1	1	0.44	3	3
25	3	1.32	0.15	0.15	1.32	1.73	1.73	0.44	1	6.84	6.84
26	6.84	5.19	0.76	0.76	1.73	1.73	1.73	3	6.84	1	1
27	6.84	5.19	0.76	0.76	9	9	9	3	6.84	1	1

根据判断矩阵，计算灾中监测与应急响应子能力下的二级指标权重向量，得到最大特征值所对应的特征向量（列向量）为

$$w_2 = [0.124\,9, 0.090\,2, 0.046\,4, 0.046\,4, 0.086\,8, 0.088\,2,$$
$$0.090\,3, 0.059\,7, 0.098\,5, 0.101\,4, 0.167\,1]^T$$

3. 灾后抢修与应急处置子能力下的指标集权重

灾后抢修与应急处置子能力共有 11 个二级指标（C28～C38），同理按照上

述步骤建立判断矩阵并计算各指标所对应的权值，得到最大特征值所对应的特征向量（列向量）为

$$w_3 = [0.054\,6, 0.081\,9, 0.081\,9, 0.081\,9, 0.166\,6, 0.187\,8,$$
$$0.063\,9, 0.065\,4, 0.070\,3, 0.093\,4, 0.052\,2]^T$$

4. 配电网防台防汛准则层权重计算

与配电网防台防汛相关的一级指标有三个，包括灾前防御与应急准备 B1、灾中监测与应急响应 B2、灾后抢修与应急处置 B3。重复上述步骤建立准则层的判断矩阵并计算其对应的权值，结果见表 8–12、表 8–13。

表 8–12　　　　　　　感　觉　矩　阵

一级指标	B1	B2	B3
B1	0	2	−2
B2	2	0	−4
B3	−2	−4	0

表 8–13　　　　　　　判　断　矩　阵

一级指标	B1	B2	B3
B1	1	1.73	0.58
B2	1.73	1	0.33
B3	0.58	0.33	1

根据判断矩阵，计算与配电网防台防汛相关的三个子能力指标权重向量，得到最大特征值所对应的特征向量（列向量）为

$$w_A = [0.411\,2, 0.398\,5, 0.190\,3]^T$$

由此可知，与配电网防台防汛相关的一级指标灾前防御与应急准备、灾中监测与应急响应、灾后抢修与应急处置（B1～B3）所占权重分别为 0.411 2，0.398 5，0.190 3。

5. 全要素指标权重

全要素指标权重见表 8–14。

配电网防汛防台风

表 8-14　　　　　　　　全 要 素 指 标 权 重

序号	目标	一级指标	权重	二级指标	权重
1	配电网防涝防台能力A	灾前防御与应急准备子能力（B1）	0.411 2	配电线路缆化率（C1）	0.039 5
2				架空线路防台风差异化设计执行率 C2）	0.021 3
3				架空线路防涝（地质灾害、洪水冲刷）差异化设计执行率（C3）	0.021 3
4				配电站房防涝差异化设计执行率（C4）	0.024 4
5				架空线路防台风差异化改造完成率（C5）	0.024 5
6				架空线路防涝差异化改造完成率（C6）	0.023 9
7				配电站房防涝差异化改造完成率（C7）	0.025 4
8				线路特巡、清障和杆塔加固完成率（C8）	0.024 5
9				配电站房隐患排查及消缺完成率（C9）	0.023 1
10				信息系统可用率（C10）	0.029 2
11				应急物资储备率（C11）	0.025 4
12				抢修队伍集结到位率（C12）	0.026 4
13				易涝站房有人值守恢复率（C13）	0.024 8
14				预警信息发布及时率（C14）	0.023 5
15				预警信息发布覆盖率（C15）	0.023 5
16				预警信息准确率（C16）	0.030 5
17		灾中监测与应急响应子能力（B2）	0.398 5	气象监测数据统计延时（C17）	0.049 8
18				气象监测数据统计完整率（C18）	0.035 9
19				气象监测数据分辨率（C19）	0.018 5
20				气象预报信息分辨率（C20）	0.018 5
21				停复电信息统计延时（C21）	0.034 6
22				停复电信息统计完整率（C22）	0.035 1
23				信息系统可用率（C23）	0.036 0
24				重要用户和生命线用户停电比例（C24）	0.023 8

续表

序号	目标	一级指标	权重	二级指标	权重
25		灾中监测与应急响应子能力（B2）	0.398 5	故障隔离率（C25）	0.039 3
26				应急物资调配数（C26）	0.040 4
27				抢修队伍调配数（C27）	0.066 6
28				灾损排查时长（C28）	0.010 4
29				应急物资到达时长（C29）	0.015 6
30				抢修队伍到达时长（C30）	0.015 6
31	配电网防涝防台能力A			每万户平均复电时长（C31）	0.015 6
32		灾后抢修与应急处置子能力（B3）	0.190 3	最大复电时长（C32）	0.031 7
33				重要用户和生命线用户复电时长（C33）	0.035 7
34				停电客户安抚率（C34）	0.012 2
35				应急通信通畅率（C35）	0.012 4
36				交通通畅率（C36）	0.013 4
37				抢修违章率（C37）	0.017 8
38				灾后用电信息推送及时率（C38）	0.009 9

根据上文得到的评价指标数值和相应权重，将其代入配电网防台防汛综合指标计算公式，求解得到 A 区配电网防台防汛综合指标，同理可得到 B 和 C 两区域的综合指标，见表 8-15。

表 8-15　　　　　　　　　配电网防台防汛综合指标

地区	A	B	C
综合指标	0.522 8	0.564 2	0.607 8

三、基于熵值法的配电网防汛防台能力评价

本文搜集计算得到了 A、B、C 三个地区体现配电网防台防汛能力的指标数据（见表 8-16）。该节基于熵值法对三个地区的 38 个指标进行计算，以量化不同地区配电网的防台防汛能力。

表 8-16　　　　　　　　　　配电网防台防汛指标数据

指标	A	B	C	指标	A	B	C
1	0.60	0.75	0.90	20	3	1	0.5
2	0.15	0.30	0.45	21	80	70	60
3	0.15	0.30	0.45	22	0.80	0.85	0.90
4	0.45	0.60	0.75	23	0.85	0.90	0.95
5	0.50	0.60	0.70	24	0.20	0.15	0.10
6	0.40	0.50	0.60	25	0.60	0.70	0.85
7	0.50	0.60	0.70	26	5	10	15
8	0.60	0.70	0.80	27	5	10	15
9	0.70	0.80	0.90	28	4	3.5	3
10	0.90	0.95	1	29	6	5	5
11	0.75	0.85	0.95	30	6	5	4
12	0.80	0.90	1	31	6	4	2
13	0.85	0.90	0.95	32	36	24	12
14	1	1	1	33	2	1.5	1
15	1	1	1	34	0.93	0.95	0.98
16	0.70	0.70	0.70	35	0.75	0.84	0.88
17	110	105	100	36	0.60	0.70	0.80
18	0.85	0.90	0.95	37	0.20	0.15	0.10
19	3	1	0.5	38	0.65	0.80	0.95

（1）首先对各指标同度量化处理，然后计算得出第 j 项指标下第 i 个地区指标值的比重，处理后的指标数据见表 8-17 和表 8-18。

表 8-17　　　　　　　　　　极差标准化处理结果

指标	A	B	C	指标	A	B	C
1	0.10	0.50	0.90	10	0.10	0.50	0.90
2	0.10	0.50	0.90	11	0.10	0.50	0.90
3	0.10	0.50	0.90	12	0.10	0.50	0.90
4	0.10	0.50	0.90	13	0.10	0.50	0.90
5	0.10	0.50	0.90	14	1	1	1
6	0.10	0.50	0.90	15	1	1	1
7	0.10	0.50	0.90	16	0.70	0.70	0.70
8	0.10	0.50	0.90	17	0.90	0.50	0.10
9	0.10	0.50	0.90	18	0.10	0.50	0.90

续表

指标	A	B	C	指标	A	B	C
19	0.90	0.26	0.10	29	0.90	0.10	0.10
20	0.90	0.26	0.10	30	0.90	0.50	0.10
21	0.90	0.50	0.10	31	0.90	0.50	0.10
22	0.10	0.50	0.90	32	0.90	0.50	0.10
23	0.10	0.50	0.90	33	0.90	0.50	0.10
24	0.90	0.50	0.10	34	0.10	0.42	0.90
25	0.10	0.42	0.90	35	0.10	0.653 8	0.90
26	0.10	0.50	0.90	36	0.10	0.50	0.90
27	0.10	0.50	0.90	37	0.90	0.50	0.10
28	0.90	0.50	0.10	38	0.10	0.50	0.90

表 8-18　　　　　　　　各 地 区 指 标 比 重

指标	A	B	C	指标	A	B	C
1	0.067	0.333	0.60	20	0.714	0.206	0.079
2	0.067	0.333	0.60	21	0.60	0.333	0.067
3	0.067	0.333	0.60	22	0.067	0.333	0.60
4	0.067	0.333	0.60	23	0.067	0.333	0.60
5	0.067	0.333	0.60	24	0.60	0.333	0.067
6	0.067	0.333	0.60	25	0.071	0.296	0.634
7	0.067	0.333	0.60	26	0.067	0.333	0.60
8	0.067	0.333	0.60	27	0.067	0.333	0.60
9	0.067	0.333	0.60	28	0.60	0.333	0.067
10	0.067	0.333	0.60	29	0.818	0.091	0.091
11	0.067	0.333	0.60	30	0.60	0.333	0.067
12	0.067	0.333	0.60	31	0.60	0.333	0.067
13	0.067	0.333	0.60	32	0.60	0.333	0.067
14	0.333	0.333	0.333	33	0.60	0.333	0.067
15	0.333	0.333	0.333	34	0.071	0.296	0.634
16	0.333	0.333	0.333	35	0.061	0.395	0.544
17	0.60	0.333	0.067	36	0.067	0.333	0.60
18	0.067	0.333	0.60	37	0.60	0.333	0.067
19	0.714	0.206	0.079	38	0.067	0.333	0.60

（2）计算第 j 项指标的熵值 e_j 和信息效用值 g_j，并计算各指标的权重，见

表 8-19。对于给定的 j，x_{ij} 差异性越小，则 e_j 越大；当 x_{ij} 全部相等时，$e_j=1$，此时对于地区的比较，指标 X_j 毫无作用；当各指标的数值相差越大时，e_j 越小，该项指标对于地区的比较，作用越大。

表 8-19 熵值法计算结果

指标	指标熵值	指标信息效用值	指标权重	指标	指标熵值	指标信息效用值	指标权重
1	0.776 6	0.223 4	0.027 2	20	0.698 2	0.301 8	0.036 7
2	0.776 6	0.223 4	0.027 2	21	0.776 6	0.223 4	0.027 2
3	0.776 6	0.223 4	0.027 2	22	0.776 6	0.223 4	0.027 2
4	0.776 6	0.223 4	0.027 2	23	0.776 6	0.223 4	0.027 2
5	0.776 6	0.223 4	0.027 2	24	0.776 6	0.223 4	0.027 2
6	0.776 6	0.223 4	0.027 2	25	0.761 1	0.238 9	0.029 1
7	0.776 6	0.223 4	0.027 2	26	0.776 6	0.223 4	0.027 2
8	0.776 6	0.223 4	0.027 2	27	0.776 6	0.223 4	0.027 2
9	0.776 6	0.223 4	0.027 2	28	0.776 6	0.223 4	0.027 2
10	0.776 6	0.223 4	0.027 2	29	0.546 3	0.453 7	0.055 2
11	0.776 6	0.223 4	0.027 2	30	0.776 6	0.223 4	0.027 2
12	0.776 6	0.223 4	0.027 2	31	0.776 6	0.223 4	0.027 2
13	0.776 6	0.223 4	0.027 2	32	0.776 6	0.223 4	0.027 2
14	1.000 0	0	0	33	0.776 6	0.223 4	0.027 2
15	1.000 0	0	0	34	0.761 1	0.238 9	0.029 1
16	1.000 0	0	0	35	0.789 8	0.210 2	0.025 6
17	0.776 6	0.223 4	0.027 2	36	0.776 6	0.223 4	0.027 2
18	0.776 6	0.223 4	0.027 2	37	0.776 6	0.223 4	0.027 2
19	0.698 2	0.301 8	0.036 7	38	0.776 6	0.223 4	0.027 2

（3）最终得到基于熵值法的配电网防台防汛能力评价分数见表 8-20。

表 8-20 基于熵值法的配电网防台防汛能力评价分数及排名

地区	A	B	C
评分	0.286 1	0.310 0	0.403 8
排名	3	2	1

四、基于灰色关联度法的配电网防汛防台能力评价

本节通过比较 A、B、C 三个地区的每项评价指标与配电网防台防汛能力较大地区的关联程度，来评估各个地区的综合防灾抗灾能力大小。关联程度越大，说明参考地区的指标值与比较地区的指标值越接近，即被评价地区的防灾抗灾能力越好。

（1）首先对数据进行无量纲化处理。此处采用上文熵值法中极差标准化的方法对数据进行无量纲化处理。

（2）确定各指标的权重。考虑到各指标的重要程度不一样，所以在计算关联度时采取权重乘以关联系数的方法，这里采用熵值法确定指标权重。

（3）计算关联度，其计算结果见表 8-21。

表 8-21　　　　　　　　配电网防台防汛指标关联度系数

指标	A	B	C	指标	A	B	C
1	0.428 6	0.692 3	1	20	1	0.505 6	0.428 6
2	0.428 6	0.692 3	1	21	1	0.692 3	0.428 6
3	0.428 6	0.692 3	1	22	0.428 6	0.692 3	1
4	0.428 6	0.692 3	1	23	0.428 6	0.692 3	1
5	0.428 6	0.692 3	1	24	1	0.692 3	0.428 6
6	0.428 6	0.692 3	1	25	0.428 6	0.616 4	1
7	0.428 6	0.692 3	1	26	0.428 6	0.692 3	1
8	0.428 6	0.692 3	1	27	0.428 6	0.692 3	1
9	0.428 6	0.692 3	1	28	1	0.692 3	0.428 6
10	0.428 6	0.692 3	1	29	1	0.428 6	0.428 6
11	0.428 6	0.692 3	1	30	1	0.692 3	0.428 6
12	0.428 6	0.692 3	1	31	1	0.692 3	0.428 6
13	0.428 6	0.692 3	1	32	1	0.692 3	0.428 6
14	0.818 2	0.818 2	0.818 2	33	1	0.692 3	0.428 6
15	0.818 2	0.818 2	0.818 2	34	0.428 6	0.616 4	1
16	1	1	1	35	0.428 6	0.907 0	1
17	1	0.692 3	0.428 6	36	0.428 6	0.692 3	1
18	0.428 6	0.692 3	1	37	1	0.692 3	0.428 6
19	1	0.505 6	0.428 6	38	0.428 6	0.692 3	1

（4）根据关联度排序。综合考虑指标的权重，则各样本的综合关联度为指标关联系数与权重的乘积（即为评价得分）

$$r_j = \sum_{k=1}^{m} \xi_i(k)w(k), i=1,2,\cdots,m; \ k=1,2,\cdots,n \qquad (8-14)$$

依据上式计算得分大小来对各地区排名，最后得分及排名结果见表8-22。

表8-22 　　　　基于灰色关联度法的配电网防台防汛
能力评价分数及排名

地区	A	B	C
评分	0.642 5	0.666 0	0.787 8
排名	3	2	1

五、能力评价结果分析及建议

1. 评价结果分析

根据表8-14可知，灾前防御与应急准备子能力在配电网防台防汛能力中占的比重最大，灾中监测与应急响应次之，灾后抢修与应急处置最小。由表8-15中基于指数标度的层次分析法的分析结果可知，A、B、C三个地区中C地区的配电网综合防台防汛能力最强，B地区次之，A地区最弱。熵值法利用了各指标数据自身的特征来计算其在配电网防台防汛能力中所占的权重，因此不具有主观评判赋值的特点，可以较为客观地对各个指标变量进行赋权。由表8-20和表8-22可知，灰色关联度法的分析结果与熵值法相似，均表明C地区的配电网防台防汛能力得分最高、能力最强，B地区次之，A地区最弱。

2. 提高配电网防台防汛能力的建议

（1）加强城市电网对灾害的预防能力。建议有关部门积极推进电力抗灾技术创新，及时分析总结各种自然灾害对配电网的影响，完善电力应急体系，建立应急平台，做好灾害防范应对。为了兼顾安全性和经济性，建议每年进行一次抗灾评估，以评估–改进–再评估的方式将配电网防灾抗灾能力的提高落到实处。

（2）优化配电网建设标准，增强线路维护力量。加大对老旧的、故障率高的配电网进行改造的力度，加大入地电缆的比例。

（3）明确部门职责，提高抢险救灾能力。

第九章

新 技 术 应 用

随着配电网防灾减灾技术的不断发展，一些新的技术和手段在配电网防汛防台工作中应用越来越广泛，对提升配电网防汛防台能力起到了促进作用。

第一节 工程建设新技术

一、配电网杆塔快抢快建技术

为满足国家电网公司对配电网"坚固耐用、安全可靠"的管理要求，填补当前大风速区杆塔基础缺失的空白，解决传统基础施工"湿作业"存在的施工周期长、施工质量参差不齐、对作业现场环境破坏大等问题，开展杆塔快建技术研究，提出轻型复合材料套筒式基础和装配式窄基塔基础，实现了"工厂化批量预制、现场统一配送、施工人员快速拼装"的标准化施工，可普遍应用于常规风速区（风速≤30m/s）的一类软基土质（滩涂、水田、沙地、农田果园地）以及大风速区（风速＞30m/s）的一、二和三类土质（滩涂、水田、沙地、农田果园地、普通土、坚土）的新建和改造工程。

（1）复合材料套筒式基础。复合材料轻型基础为组装式基础，包括外筒、内筒、卡垫和轴，均采用复合材料结构。复合材料轻型套筒安装好后，将电杆立入内筒，然后在内筒与电杆夹缝中填满石粉，电杆即刻可架线、通电，最后在外筒与内筒的缝中灌入混凝土。当电杆受到外部荷载的作用时，套筒基础可抵抗电杆侧向倾覆力矩及竖向荷载，如图9-1所示。

图 9-1　复合材料套筒式基础

（2）窄基塔装配式基础。窄基塔装配式基础主要由三个部分组成，一是钢结构支架，二是槽钢底板，三是可调式塔脚板。基础的主体结构均采用钢结构，主要有以下特点：一是各个模块都是预制的，可有效减少常规混凝土基础养护所需的时间；二是需保证各个模块的重量控制在 80kg 左右，以方便人工运输需求。三是上部塔脚板设置条形孔，可实现一定范围内的根开可调，增大了基础的适用性。装配式基础在满足基础抗倾覆设计要求的前提下，可工厂化预制和现场装配，方便施工，减免混凝土养护时间，有效提升电网灾损的抢修效率和抗灾能力，如图 9-2 所示。

二、一二次成套设备单相接地故障研判提升技术

配电网的电能质量相对较差，传统的一二次成套设备未对干扰信号进行排除，导致现场研判准确率小于 20%，严重低于预期。一二次成套设备单相接地故障精准研判技术可对单相接地故障、断线故障、干扰信号的特征进行画像归纳后，内嵌扰动波形筛除算法，可有效筛选出单相接地故障信号，同时对传统的单相接地故障算法进行优化，可适用于传统的一二次成套设备，具备接地及断线故障研判功能，研判准确率可达 70% 以上，可不停电安装，如图 9-3 所示。

图9-2　窄基塔基础现场应用情况

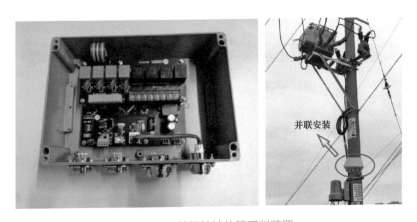

图9-3　单相接地故障研判装置

三、防污成套化绝缘横担技术

常规的复合绝缘横担存在以下问题：一是导线固定方式仍采用传统的绑扎

方式，在沿海盐雾、腐蚀和风振环境下，固定部位容易发生断股和断线故障；二是伞裙采用相同伞径设计，未考虑重度污秽下的优化设计；三是单回路和双回路采用不同结构型式的横担设计方式，存在后期单回路改造为双回路较为困难的问题。防污成套化绝缘横担，将单回路和双回路使用的绝缘横担标准化和通用化，提出了基于标准件的成套化复合绝缘横担，无论单回路还是双回路，都可以用相同规格的横担和相应金具，改变安装的数量即可，既能标准化横担的选择，也便于后期线路的改造和维护，如图9-4所示。将导线的固定装置与绝缘横担一体化，通过卡环固定导线，能快速固定导线，并很好地保护导线绝缘层，杜绝了绑扎线造成导线破皮的问题，延长了绝缘导线在沿海地区的使用年限。成套化复合绝缘横担采用了单杆加圆棒型结构，杜绝了鸟筑巢的问题，相较于方棒型复合横担防鸟害性能更好，如图9-5所示。

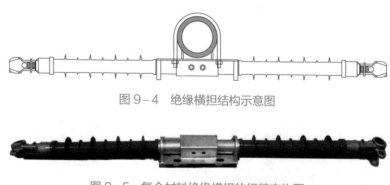

图9-4　绝缘横担结构示意图

图9-5　复合材料绝缘横担的组装实物图

第二节　监测预警新技术

一、"天-空-地"立体化监测技术

结合最新的卫星遥感技术和多普勒气象雷达、风廓线雷达、自动气象站、国家气象站、区域气象站等新型装备协调配合，构成"天-空-地"立体化监测体系，实现"风-雨-汛"综合监测预警，如图9-6所示。

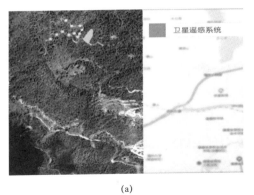

(a)   (b)

(c)

图 9-6 新型气象监测预警装备

(a) 遥感卫星;(b) 风廓线雷达;(c) 气象自动站

二、基于高精度地理数据的城区涝区风险预警技术

针对汛情及洪涝易发地区,可结合地区高精度地理图层数据、河流河网、水文、历史降水等数据,绘制相应洪涝分区图。配电网易受洪涝影响的站房主要分布在城区中,有关单位在上述数据和研究基础上,提出采用高精度地理数据的城区涝区风险点进行配电网设施预警,主要原理是根据城区地理数据、河网数据、降水分布等绘制得到城区易涝点,结合配电网地理信息系统数据对站房等设施进行易涝关联,关联点数据存储在监测预警系统中,根据汛期实时降雨和未来降水预测数据,即可得到该地区配电网洪涝风险预警站房信息,以提前做好应急准备。

三、基于大数据和人工智能的配电线路台风预警技术

通过对国内外输配电线路抵御强台风预警技术研究和预警系统建设的现状分析可以看出，目前这项工作还处于起步阶段，未见一种实用性和准确性兼备的预警方法或系统。当前，大数据、人工智能等技术在电力气象中的应用愈加广泛，并且各沿海网省电力公司在台风灾害的防御方面已有了数年的数据和经验积累。为此，提出了一种基于网格化、大数据和人工智能的输配电线路抵御强台风预警方法，并以福建电网为例，阐述该方法的实现原理和关键技术。

该方法的实现原理为：通过对输配电线路台风灾害链的深入分析，提取致灾因子、孕灾环境和承灾体的关键要素；基于输配电线路历史台风灾害数据，进行关键要素的网格化处理，形成训练样本大数据；采用人工智能方法建立输配电线路台风灾害预警模型，并基于交叉验证思想，辨识得到模型的关键参数。将输配电线路台风灾害链关键因素的实测和预测值输入至预警模型，得到输配电线路台风灾害的预警结果。具体实现过程如图9-7所示。

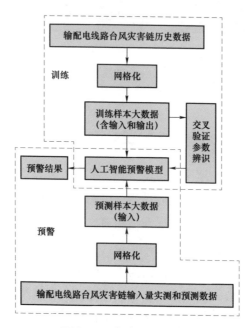

图9-7　方法的实现原理

第三节　灾害抢修新技术

一、轮式旋挖钻机基础施工技术

1. 技术原理与特点

轮式旋挖钻机施工技术是指利用轮胎式底盘旋挖钻机进行配电线路基础成孔的方式。轮式旋挖钻机采用了轮胎式底盘，可实现自行走，解决了施工过程中的装备进、转场困难的问题，最大可钻进 1.4m 直径、25m 深的直柱基础，同时可实现基础扩底。具体施工工艺包括钻机就位、护筒埋设、钻进成孔（在成孔过程中需根据土质的不同，选择适宜的钻头）、抽渣清孔、钢筋笼安装、混凝土浇筑、起拔护筒、继续浇筑成型、钻机撤场。国外先进国家对于配电线路基础施工已普遍采用机械装备完成技术可靠、先进，国内对于配电线路基础施工多采用人工成孔，即便使用机械化也多为较原始的机械如洛阳铲、冲孔钻机等，偶有采用的旋挖钻机也均为工民建行业中常用的履带式，其自重大、自行走困难。轮式旋挖钻机，技术先进、可靠，在多个输电线路施工现场已得到广泛运用，不仅施工效率高，同时节约了大量的进、转场所带来的修路、青赔费用，使经济和社会效益均得到良好改善。

2. 适用条件

在平原、河网（前进坡度不超过 15°）等地形，黏性土粉土、中等密实以上的砂土及极软岩（饱和单轴抗压强度 2MPa 以内）等地质条件下，最大可钻进 1.4m 直径、25m 深的直柱基础。

二、灾害现场移动交互式立体抢修指挥技术

依托现有的 ECS 系统架构，整合配调 SMD、配调 SCADA、车辆调度系统、防灾 App 的实时信息，形成应急抢修预案（该功能模块部署在 ECS 系统），并做适当的可视化展示。该系统可直接部署于装载微信通信的移动抢修车中。平台框架如图 9-8 所示。

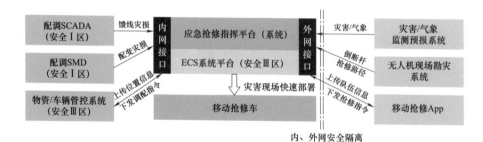

图 9-8　平台框架

ECS 系统为本功能平台的数据交互中心，可接入配电网台账信息、GIS（含地形地貌图层）地图等；同时接收 SCADA、SMD、防灾 App、无人机回传信息等，上面部署预案推演功能模块，根据实时灾损信息，统筹抢修资源，生成最优抢修策略方案，并将其下发至移动抢修终端 App。

配调 SCADA 提供配电网故障研判信息，在灾害情况下，为交互式立体抢修指挥平台提供馈线、线路区段级的灾损信息，辅助无人机进行现场勘查。

配电网 SMD 系统提供配电变压器实时停电信息，在灾害情况下，为交互式立体抢修指挥平台提供停电配电变压器、停电低压用户的灾损信息（相比SCADA 提供颗粒度更小一层级），辅助现场应急指挥决策人员了解受灾情况。

抢修车辆调度系统与 ECS 系统进行信息交互，可接受交互式立体抢修指挥平台的抢修指令，其车辆定位信息可在交互式立体抢修指挥平台上实时展示。

防灾 App 分为"指挥长""队长""信息员"及"物资员"4 类权限。指挥长下发抢修指令给队长，队长按照抢修指令详细分配抢修任务及物资调配任务，信息员执行抢修任务并回传灾害现状灾损信息（包括无人机勘灾信息）、物资员执行物资调配及清点工作。

无人机勘灾系统通过图像智能识别技术进行灾害现场的倒断杆灾损信息识别，并通过信息员权限回传现场灾损信息。

1. 功能架构与模块化设计

移动交互式立体抢修指挥平台的功能架构如图 9-9 所示。该平台通过信息安全交互模块与运行管理/监控系统及移动抢修终端实现双向交互，并接受包括抢修路径信息、倒断杆识别信息等在内的灾害现场信息以及包括气象监测、预警信息在内的灾害气象信息等。通过多维信息整合模块与数据校验模块，对多

维数据进行预处理，为预案推演及决策支撑提供可靠的数据基础，再结合运行
状态识别模块，计算出最优预案评价指标，最后形成指挥预案决策。

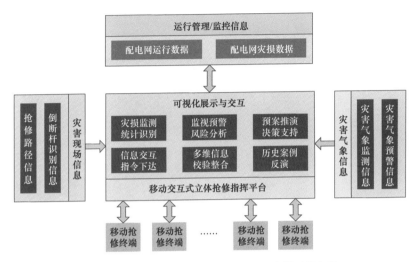

图 9-9　移动交互式立体抢修指挥平台的功能架构

2. 功能研发及可视化展示

（1）灾害监视及设备风险预警。如图 9-10 所示，灾害监视及设备风险预
警功能展示实时台风灾害及气象信息，同时基于台风路径预测信息评估可能受
到影响的变电站、线路，并与 PMS 中的巡视记录相匹配，实现电网灾前预警。

图 9-10　灾害监视及设备风险预警

（2）灾损智能监测与统计。如图 9−11 所示，灾损智能监测与统计功能以县域范围为基础，基于灾害事件监视县域范围内停复电情况。可通过切换选择不同事件了解用户、线路停复电情况以及恢复比率，查看干线、支线、配电变压器、用户新增停电情况与灾损恢复趋势。

图 9−11　灾损智能监测与统计

（3）人员/物资/车辆管控及调配。如图 9−12 所示，人员/物资/车辆管控及调配功能实时动态展示抢修队伍、抢修物资及应急抢修车在灾前部署与灾害抢修过程中的位置、数量、装备等信息，并支持任务指令的下达。

图 9−12　人员/物资/车辆管控及调配

（4）预案推演与抢修决策支持。如图 9−13 所示，预案推演与抢修决策支持功能可展示区域电网受损抢修方案，并支持多时间断面的预案推演；基于 GIS 沙盘推演与综合展示功能，结合现场实际情况，提供最优抢修决策方案，其决策方案包括灾前提前部署方案、灾中复电过程推演及灾后抢修决策制订。

图 9−13　预案推演与抢修决策支持

参 考 文 献

[1] 陈彬，舒胜文，易弢，等．配电网灾害与防治［M］．北京：中国电力出版社，2020．

[2] 周宁，熊小伏．电力气象技术及应用［M］．北京：中国电力出版社，2015．

[3] Frederick K．Lutgens，Edward J．Tarbuck．The Atmosphere：An Introduction to Meteorology，12th Edition［M］．北京：电子工业出版社，2016．

[4] 丁一汇，张建云．暴雨洪涝［M］．北京：气象出版社，2009．

[5] 陈联寿，端义宏，宋丽莉，等．台风预报及其灾害［M］．北京：气象出版社，2012．

[6] 王抒祥．电网运营典型自然灾害特征分析［M］．北京：中国电力出版社，2015．

[7] 武岳，孙瑛，郑朝荣，等．风工程与结构抗风设计［M］．黑龙江：哈尔滨工业大学出版社，2014．

[8] 薛丰长，戈晓峰，田娟，等．城市暴雨积涝数值模拟技术方法［J］．气象科技，2019，47（6）：1021－1025．

[9] 陈彬，舒胜文，黄海鲲，等．沿海区域输配电线路抵御强台风预警技术研究进展［J］．高压电器，2018，54（07）：64－72．

[10] 陈彬，于继来．强台风环境下配电网断杆概率的网格化评估［J］．电气应用，2018，37（16）：42－47．

[11] 陈彬，于继来．强台风环境下配电线路故障概率评估方法［J］．中国电力，2019，52（05）：89－95．

[12] 鹿世瑾，王岩．福建气候［M］．北京：气象出版社，2012．

[13] 李天友．配电网防灾减灾综述［J］．供用电，2016，33（09）：2－5．

[14] 赵宏波，朱朝阳，于振，等．电力微气象监测与预警系统研究［J］．华东电力，2014，42（05）：912－916．

[15] 张勇．输电线路风灾防御的现状与对策［J］．华东电力，2006，34（3）：28－31．

[16] 金焱，张惟，于振，等．电力微气象灾害监测与预警技术研究［J］．电力信息与通信技术，2015，13（4）：11－15．

[17] 李锐，陈颖，梅生伟，等．基于停电风险评估的城市配电网应急预警方法［J］．电力系统自动化，2010，34（16）：19－23．

［18］　王勇．电力系统运行可靠性分析与评价理论研究［D］．山东大学，2012．

［19］　崔建磊．基于 SOA 的电网安全风险评估系统研究与实现［D］．浙江大学，2013．

［20］　李顺赟．城市供电应急管理体系研究［D］．华北电力大学（北京），2009．

［21］　路俊海．城市核心区供电风险与应急对策研究［D］．华北电力大学，2012．

［22］　金华芳．丽水电网配网灾害预警指挥体系研究［D］．华北电力大学（北京），2017．

［23］　容建昌．关于台风天气配网应急处置的对策［J］．质量与安全，2014（35）：217－231．

［24］　孟俊姣．基于任务的配电网抢修资源配置与调度研究［D］．华北电力大学，2014．

［25］　张晶．基于效用理论的灾后配电网多故障抢修实时调整策略研究［D］．燕山大学，2014．

［26］　刘平，叶涛，李立军，等．基于快速恢复供电的应急抢修研究［J］．电力安全技术，2014，16（4）：1－4．

［27］　张静，保广裕，周丹，等．基于回归模型的青藏铁路水害气象风险评估［J］．沙漠与绿洲气象，2018，12（1）：53－60．

［28］　刘胜波，阳林，郝艳捧，等．中国沿海地区电网覆冰灾害风险评估［J］．广东电力，2017，30（12）：1－6．

［29］　马志青，马永福，沈宁，等．青海地区架空配电线路雷害风险评估与策略［J］．青海电力，2017，36（4）：30－34．

［30］　吕冰．城市电网防灾应急能力评价方法［D］．华北电力大学，2014．

［31］　舒茜．成都市浣花溪公园群防灾避难功能评价研究［D］．四川农业大学，2018．

［32］　孙东生，朱懿，周水兴．基于指数标度的层次分析法在桥梁评定中的应用［J］．重庆交通大学学报（自然科学版），2010，29（06）：867－870．

［33］　张玉红．风暴潮灾害风险评估及区划管理研究［D］．中国海洋大学，2013．

［34］　王娇．西安市内涝灾害风险动态评估模型研究与应用［D］．西安理工大学，2020．

［35］　李梦渔．基于改进层次分析法的交、直流配电网综合评估［D］．华北电力大学，2015．